CB081962

MANGUEZAL

© Andrea Jakobsson Estúdio Editorial, 2023.

Organização [Editor]
Alexander Turra

Textos [Texts]
Alexander Turra, Alfredo Nastari, Arthur Soffiati, Cássia de Oliveira Farias, Cláudia Câmara do Vale, Cláudia Hamacher, Filipe de Oliveira Chaves, Flávia Rebelo Mochel, Marília Cunha Lignon, Mário Luiz Gomes Soares, Michelle Passos Araújo

Redação de depoimentos [Writing of First-Hand Accounts]
Cristina Serra

Representantes de comunidades tradicionais [Representatives of traditional communities]
Alexandre Anderson de Souza, Driele Farias dos Santos, Eliete Paraguassu da Conceição, Manuel Bueno dos Santos (Nego da Pesca), Pedro Belga

Fotografia [Photography]
Enrico Marone, exceto quando indicado de outra forma [Except when otherwise indicated]

Marketing cultural [Marketing]
Jacqueline Menaei (MaisArte Marketing Cultural)

Projeto gráfico [Design]
Glória Afflalo (a+a design)

Assistente de produção [Production assistant]
Renata Arouca

Revisão [Proofreading]
Rosalina Gouveia

Tradução para o inglês [Translation into English]
Ben Kohn

Tratamento de imagens [Image handling]
Cesar Barreto

Impressão e acabamento [Printing and binding]
Ipsis Editora Gráfica

Todos os direitos reservados [All rights reserved for]
Andrea Jakobsson Estúdio Editorial Ltda.
Rua Percy Murray, 5/703
22071-040 Copacabana, Rio de Janeiro, RJ
www.jakobssonestudio.com.br

Lei de Incentivo à Cultura
Lei Rouanet

Apoio [Supported by]

USP iea Instituto Oceanográfico
Cátedra UNESCO para a Sustentabilidade do Oceano
unesco Cátedra

Marketing Cultural [Marketing]

MAISARTE MARKETING CULTURAL

Realização [Production]

Ministério da Cultura
Governo Federal Brasil União e Reconstrução

Andrea Jakobsson Estúdio

Década do Oceano 2021–2030

Organização [Editor]
Alexander Turra

Fotografia [Photography]
Enrico Marone

Textos [Texts]
Alexandre Anderson de Souza
Alexander Turra
Alfredo Nastari
Arthur Soffiati
Cássia de Oliveira Farias
Cláudia Câmara do Vale
Cláudia Hamacher
Cristina Serra
Driele Farias dos Santos
Eliete Paraguassu da Conceição
Filipe de Oliveira Chaves
Flávia Rebelo Mochel
Manuel Bueno dos Santos
(Nego da Pesca)
Marília Cunha Lignon
Mário Luiz Gomes Soares
Michelle Passos Araújo
Pedro Belga

MANGUEZAL

Os manguezais, localizados entre o mar e a terra, representam verdadeiros tesouros tropicais, desempenhando funções vitais para o equilíbrio ambiental e a biodiversidade. Seu papel é crítico na mitigação das mudanças climáticas, evitando a liberação de milhões de toneladas de carbono para a atmosfera. Além disso, oferecem uma eficaz proteção contra a erosão costeira e preservam recursos essenciais para as comunidades ribeirinhas, mantendo uma rica biodiversidade tanto marinha quanto terrestre.

Há uma década, a Enauta tem apoiado projetos de pesquisa em colaboração com acadêmicos e instituições científicas, fornecendo informações cruciais para orientar esforços de conservação marinha e costeira. Essas iniciativas também impulsionaram o desenvolvimento de tecnologias inovadoras no setor de óleo e gás, priorizando a segurança, a eficiência e a minimização de impactos ambientais.

Esta publicação é mais um passo em nossa missão de aproximar os manguezais da sociedade brasileira, destacando o amplo espectro de benefícios e serviços que esses ecossistemas provêm. Convidamos os leitores a se juntarem a nós nessa jornada de descoberta da beleza cênica e da importância ambiental, ecológica e econômica dos manguezais em todo o Brasil.

Na Enauta, estamos firmemente comprometidos em mitigar impactos ambientais e preservar esses ecossistemas costeiros essenciais. É assim que construímos nosso futuro hoje.

Situated between sea and land, mangrove forests represent true tropical treasures, performing vital functions for environmental balance and biodiversity. Their role is critical in mitigating climate changes, preventing the release of millions of tons of carbon into the atmosphere. Furthermore, they offer effective protection against coastal erosion and preserve essential resources for riverside communities, sustaining rich biodiversity, both marine and terrestrial.

Over a decade, Enauta has supported research projects in collaboration with academics and scientific institutions, providing crucial information to guide marine and coastal conservation efforts. These initiatives also boosted the development of innovative technologies in the oil and gas sector, prioritizing safety, efficiency and minimizing environmental impacts.

This publication is another step in our mission to bring mangrove forests closer to the Brazilian society, highlighting the broad spectrum of benefits and services these ecosystems provide. We invite readers to join us on this journey of discovering the scenic beauty as well as the environmental, ecological and economic importance of mangroves throughout Brazil.

At Enauta, we are firmly committed to mitigating environmental impacts and preserving these essential coastal ecosystems. That is how we build our future today.

Lei de Incentivo à Cultura
Lei Rouanet

Enauta

MINISTÉRIO DA CULTURA

GOVERNO FEDERAL
BRASIL
UNIÃO E RECONSTRUÇÃO

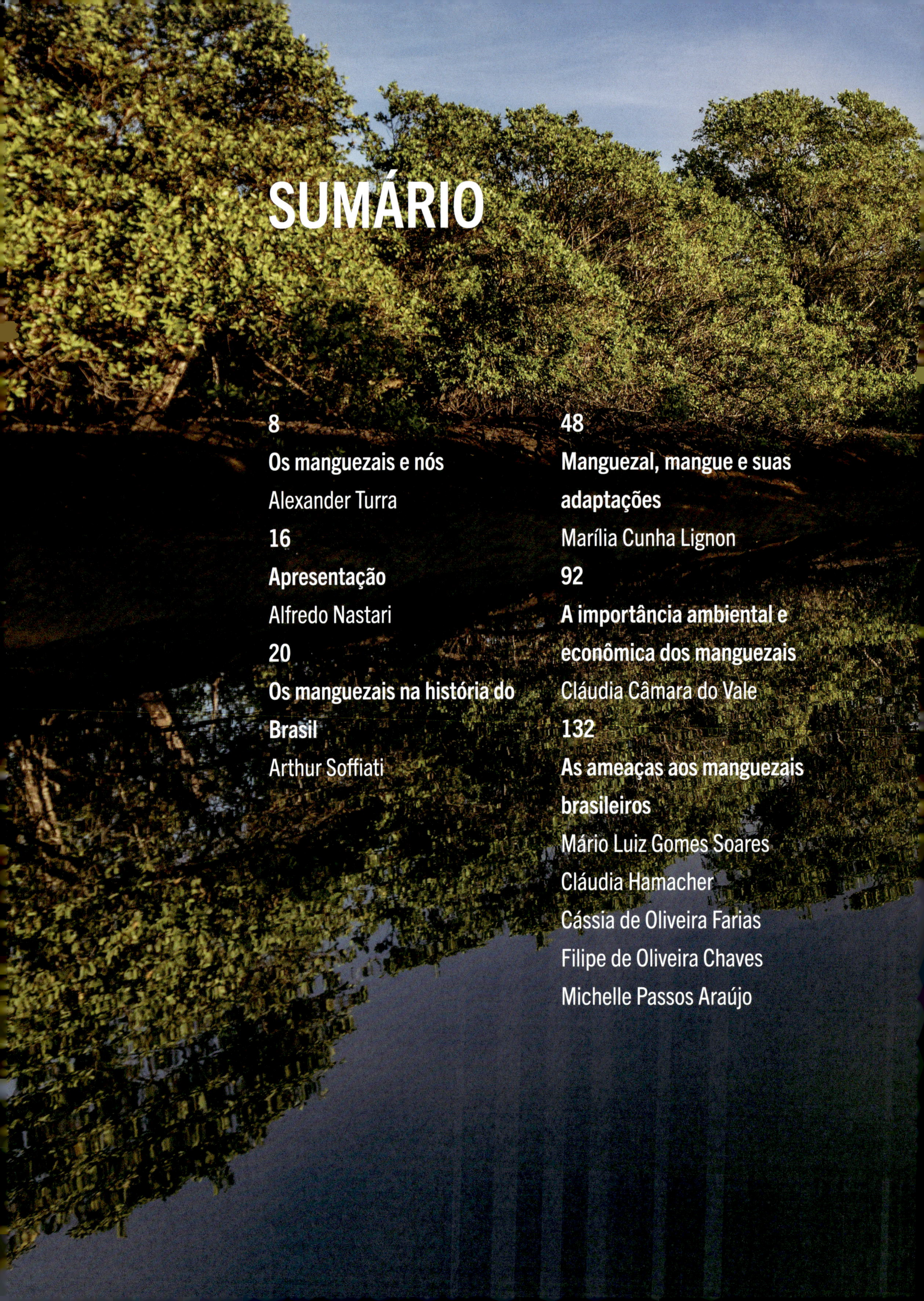

SUMÁRIO

OS MANGUEZAIS E NÓS

Alexander Turra

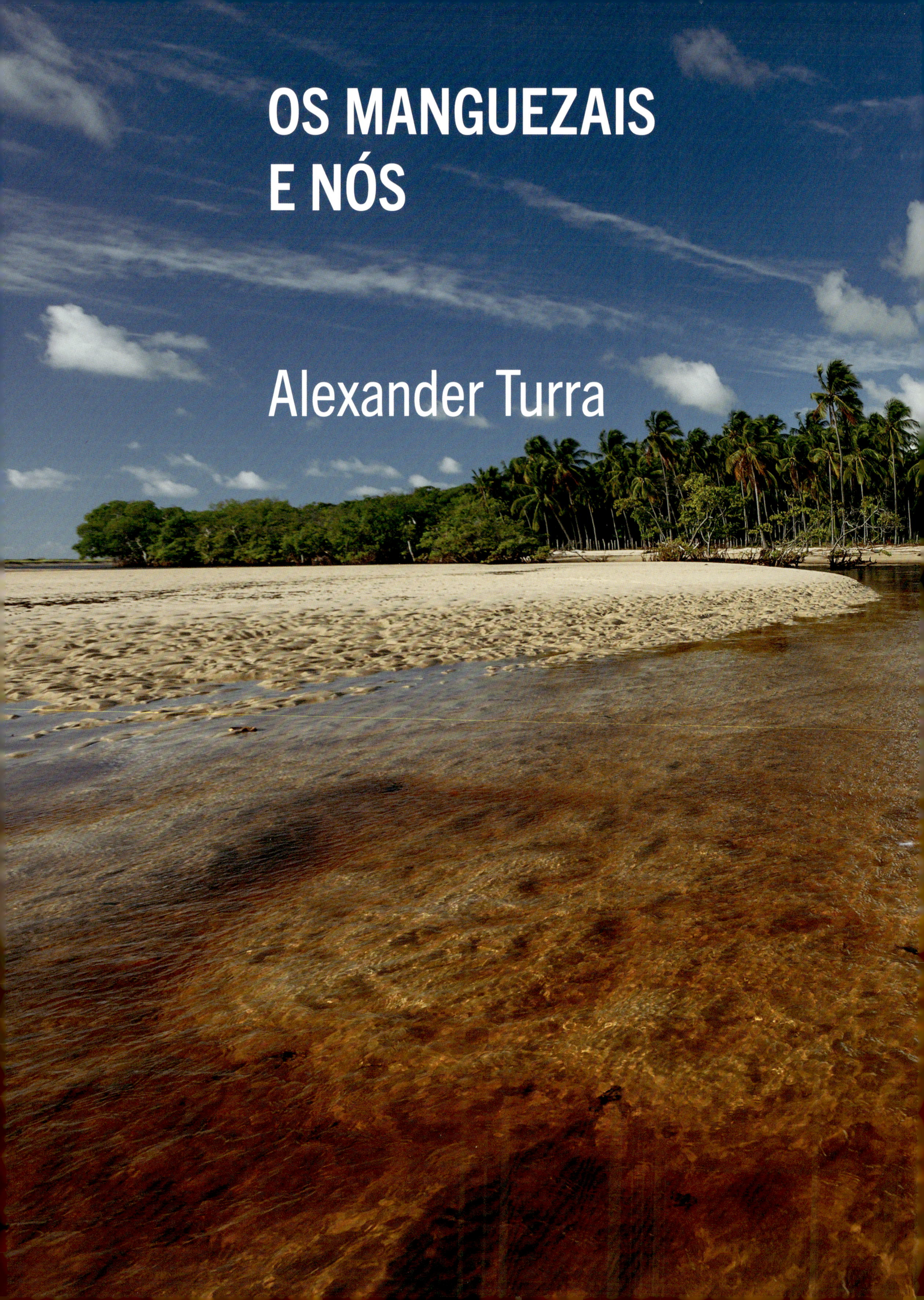

Os manguezais são uma preciosidade. Sua beleza e seu valor, no entanto, apesar dos esforços crescentes realizados pela comunidade científica, ainda são compreendidos por poucos. Dentre as principais iniciativas de divulgação do seu papel na natureza, está o livro *Os manguezais e nós*,[1] publicado no final da década de 1980, que alicerçou os caminhos para uma conciliação entre a sociedade e esse importante ambiente marinho. Escrito por Marta Vannucci, professora do Instituto Oceanográfico da Universidade de São Paulo e pioneira no estudo desse tema no Brasil e no mundo, seu intuito era traduzir a complexidade e vulnerabilidade dos manguezais para um público não especializado e, com isso, sensibilizar as pessoas pelo planeta para a necessidade de um movimento vigoroso para a sua preservação.

"O que há de tão especial em relação aos manguezais"? Em um artigo veiculado em 2001, na *Revista Brasileira de Biologia*,[2] Marta buscou responder essa pergunta, que lhe era feita recorrentemente por diferentes pessoas. Apesar da clareza e da contundência desse texto e das inúmeras ações educativas e de divulgação científica que o sucederam,[3,4] essa mensagem permanece restrita ao ambiente acadêmico. É ao desafio de expandir o seu alcance que a presente publicação se dedica.

Esse esforço alinha-se a um movimento internacional voltado à geração de conhecimento e sustentabilidade sobre o ambiente marinho que foi fortalecido pela instituição da Década das Nações Unidas da Ciência Oceânica para o Desenvolvimento Sustentável (2021–2030).[5] Além de um oceano limpo, saudável, resiliente e produtivo, a Década almeja que ele seja inspirador e envolvente e que engaje a sociedade a atuar em prol de sua sustentabilidade. Instituída em 2017, na Conferência do Oceano realizada em Nova Iorque, a Década tem por objetivo contribuir com a implementação do Objetivo de Desenvolvimento Sustentável 14, Vida na Água, da Agenda 2030 das Nações Unidas para o Desenvolvimento Sustentável[6] e produzir a ciência de que precisamos para o oceano que queremos. E essa transformação só acontecerá se esse conhecimento inundar a sociedade.

Para cumprir esse papel, o enredo aqui apresentado considerou diferentes aspectos que permeiam esse ambiente icônico. Em especial, buscamos retratar a superlatividade dos manguezais brasileiros, de norte a sul, ao longo de mais de 10 mil quilômetros de linha de costa. O Brasil abriga a segunda maior área de manguezal do mundo e a maior área contínua de manguezal do planeta que, além de fonte de renda, garante a segurança alimentar de milhões de pessoas e contribui com o combate às mudanças climáticas. Mas igualmente significativos e crescentes são os problemas sociais e econômicos que precisam ser compreendidos e enfrentados, pois ameaçam a rica biodiversidade desse ecossistema e os benefícios que ele provê às pessoas.

1 Vannucci, M. 1989. *The Mangrove and Us: a Synthesis of Insights*. New Delhi: Indian Association for the Advancement of Science; Vannucci, M. 2002. *Os manguezais e nós: uma síntese de percepções*. São Paulo: Edusp.

2 Vannucci, M. 2001. O que há de tão especial em relação aos manguezais? *Revista Brasileira de Biologia*, 61:599–603. Disponível em https://doi.org/10.1590/S1519-69842001000400008.

3 ICMBio. 2018. *Atlas dos Manguezais do Brasil*. Brasília: Instituto Chico Mendes de Conservação da Biodiversidade. Disponível em https://www.gov.br/icmbio/pt-br/centrais-de-conteudo/atlas-dos-manguezais-do-brasil-pdf.

4 Oceano sem mistérios — desvendando os manguezais. Disponível em https://www.fundacaogrupoboticario.org.br/pt/Biblioteca/Paper%20-%20Oceano%20sem%20mist%C3%A9rios.pdf.

5 IOC/Unesco. 2019. *A ciência que precisamos para o oceano que queremos: a Década das Nações Unidas da Ciência Oceânica para o Desenvolvimento Sustentável (2021–2030)*.

6 ONU, 2015. Transformando nosso mundo: a Agenda 2030 para o Desenvolvimento Sustentável. Disponível em https://nacoesunidas.org/wp-content/uploads/2015/10/agenda2030-pt-br.pdf.

Falar dos predicados e das adversidades dos manguezais brasileiros tornou-se possível, porque o Brasil tem sido palco de um número crescente de pesquisas que visam compreendê-los e conservá-los. O avanço no conhecimento sobre a biodiversidade, o funcionamento e a importância dos manguezais, bem como sobre as ameaças que os assolam, foi registrado recentemente no livro *Brazilian Mangroves and Salt Marshes,*[7] resultado de um amplo trabalho de valorização da biodiversidade brasileira realizado no âmbito da série Brazilian Marine Biodiversity pela Cátedra Unesco para a Sustentabilidade do Oceano[8] e pela Rede Brasileira de Monitoramento de Hábitats Bentônicos Costeiros (ReBentos).[9] Apesar do valor e da robustez desse movimento acadêmico, esse conhecimento ainda carecia de um canal apropriado para um diálogo mais aprofundado com a sociedade.

É nesse contexto que o presente livro se insere e é com ele que pretende contribuir, compartilhando com a sociedade a beleza e a relevância dos manguezais que ainda poucos veem. A obra retrata os exuberantes manguezais brasileiros sob diferentes ângulos e perspectivas, incluindo desde o olhar crítico de cientistas até uma antologia de quem vive do manguezal.

Assinada por cientistas renomados firmemente dedicados ao estudo do bioma manguezal, a publicação se inicia com uma abordagem histórica, de autoria do professor Arthur Soffiati, da Universidade Federal Fluminense, que ilustra as mudanças na percepção da importância desse ambiente desde os primórdios do período colonial até a atualidade. O enredo que segue, redigido pela professora Marília Cunha Lignon, da Universidade Estadual Paulista, considera a definição de manguezal e constrói uma narrativa compreensiva da variação de sua fisionomia ao longo da costa brasileira. A relevância e os variados benefícios que esse ambiente provê para as pessoas são revelados e exemplificados pela geógrafa Cláudia Câmara do Vale, professora da Universidade Federal do Espírito Santo. Outro importante grupo de pesquisa sobre manguezais, sediado na Universidade do Estado do Rio de Janeiro e liderado pelo professor Mário Luiz Gomes Soares, debruçou-se sobre as diversas e incisivas ameaças que as atividades humanas impõem sobre esse sensível ambiente. Embora sinalizando um cenário crítico, a condição atual de degradação ambiental dá o alicerce para pensarmos o futuro dos manguezais, finalizando a primeira parte do livro com um chamado para a ação e uma mensagem de esperança trazida pela bióloga Flávia Rebelo Mochel, professora da Universidade Federal do Maranhão.

Considerando um empenho crescente de valorizar e visibilizar o conhecimento tradicional dos povos do mar, a segunda parte desta obra apresenta depoimentos de mulheres e homens que vivem o manguezal, que vivem do manguezal, que são o manguezal. Os diálogos com Nego da Pesca, do município de Serra no Espírito Santo;

7 Schaeffer-Novelli, Y.; Abuchahla, G.M.O.; Contrón-Molero, G. 2023. Brazilian Mangroves and Salt Marshes. In: Turra, A. (Org.) *Brazilian Marine Biodiversity Series*. New York: Springer Nature. Disponível em https://doi.org/10.1007/978-3-031- 13486-9.

8 Disponível em https://catedraoceano.iea.usp.br

9 Rede Brasileira de Monitoramento de Hábitats Bentônicos Costeiros (ReBentos). Ver site: www.rebentos.org.

Os manguezais ocorrem em regiões estuarinas ao longo e ao largo das quais o sedimento é depositado formando planícies costeiras. A vegetação do manguezal contribui para esse processo, ampliando a capacidade de retenção do sedimento. A água dos rios busca caminhos, ainda que tortuosos, para chegar ao mar. Os meandros desses cursos d'água também são percorridos pela água do mar durante as marés altas e ilustram a conexão intrincada que define os manguezais como um importante ambiente de transição entre a terra e o mar.

Mangroves occur in estuarine regions along and off which sediment is deposited forming coastal plains. Mangrove vegetation contributes to this process by increasing the sediment retention capacity. River water searches for routes, however sinuous they may be, to reach the sea. These winding water courses are also travelled by seawater during high tides and illustrate the intricate connection that defines mangroves as an important transitional environment between land and sea.

Página à direita [Page to the right]: Baía Babitonga [Babitonga Bay], Joinville, Santa Catarina

Eliete Paraguassu da Conceição, da Ilha de Maré na Bahia; Pedro Belga, da baía de Guanabara; Driele Faria dos Santos, de São João da Ponta no Pará; e Alexandre Anderson de Souza, também da baía de Guanabara, foram colhidos e transcritos pela jornalista Cristina Serra e validados por eles, compondo relatos de extrema lucidez e força, que reconhecem o valor do manguezal e a necessidade da luta pela sua sobrevivência.

E para consolidar e aprofundar a mensagem que esta publicação pretende passar, o livro foi ricamente ilustrado pelo fotógrafo, documentarista, oceanólogo e mergulhador Enrico Marone. Com sensibilidade, foco e visão, a perspectiva iconográfica deu materialidade, matizes e contornos às palavras trazidas pelos cientistas e pelos povos do mar, compondo uma mensagem clara, forte e inequívoca. Os manguezais são belos e importantes e precisam ser preservados, assim como os povos que dele dependem.

Compondo a Coleção Década do Oceano, esta edição pretende ampliar o conhecimento sobre esse ambiente e ecoar os esforços para sua conservação, de maneira a construir uma relação mais elevada e sustentável entre os manguezais e nós.

O manguezal é um ambiente rico e exuberante. A dinâmica das marés e dos rios em conjunto com o papel das árvores de mangue cria um ambiente belo e ao mesmo tempo situado entre extremos: da maré alta e inundado pelo mar à maré baixa e inundado pelo rio. A degradação da abundante matéria orgânica cria condições ambientais especiais que se revelam em imagens como os veios de água escura e rica em nutrientes que drenam mais cedo ou mais tarde para o mar, onde vai semear a vida marinha. Na foto está ilustrada uma depressão peculiar no interior de um manguezal na qual essa matéria orgânica se acumula e paulatinamente é levada ao mar pela ação das marés.

The mangrove is a rich and lush environment. The dynamics of the tides and rivers together with the role of the mangrove trees create a beautiful setting situated between extremes: From the high tide flooded by the sea to the low tide, flooded by the river. The degradation of the abundant organic matter creates special environmental conditions that are revealed in images, such as the veins of dark, nutrient-rich water that at some point drain into the sea, where it will seed marine life. This photo shows a peculiar depression in the middle of a mangrove, where this organic matter builds up and is gradually washed out to sea by the action of the tides.

Área de Proteção Ambiental de Cairuçu [Cairuçu Environmental Protection Area], Saco do Mamanguá [Mamanguá Cove], Paraty, Rio de Janeiro

APRESENTAÇÃO

Alfredo Nastari

Talvez um dos mais ricos e relevantes ecossistemas marinhos, o manguezal é um ambiente que precisa ser resgatado e valorizado, como está sendo feito por meio de crescentes esforços de conhecimento e preservação desenvolvidos por pesquisadores e pela sociedade como um todo.

O manguezal nos presta relevantes serviços — é berçário da vida marinha, fonte abundante de alimento, eficiente captador de gás carbônico da atmosfera, fertilizador do oceano e barreira natural de proteção da linha da costa contra eventos extremos. Mas talvez pelo fato de ser um ambiente desconhecido do colonizador, pois o manguezal ocorre apenas em regiões tropicais e subtropicais, ele vem sendo maltratado e indevidamente ocupado ao longo da história.

Foi assim com os manguezais do Recife, os primeiros a sucumbir a uma grandiosa intervenção urbana, a Mauritsstad de Maurício de Nassau. Fiel à tradição holandesa de instalar cidades em terrenos baixos, o conde drenou o mangue que circundava a vila do Recife com diques e canais e aterrou e construiu pontes para erguer a sua cidade Maurícia, iniciando um processo de ocupação que perdura até os dias de hoje.

Ou ainda no Rio de Janeiro, desde os tempos da corte de D. João VI que, pouco habituada às exuberantes paisagens tropicais, começou a engendrar uma forma de aterrar os manguezais da baía de Guanabara. Da ideia à prática, foram necessárias algumas décadas e o investimento de João Evangelista de Souza, o Barão de Mauá, que finalmente inaugurou em 1860, já no II Império, o Canal do Mangue, uma via navegável entre a Quinta da Boa Vista e o Paço Imperial, cuja concessão era condicionada à drenagem, em dois anos, de todos os terrenos lindeiros ao canal. Estima-se hoje que a mancha urbana do Rio de Janeiro tenha ocupado 64% da cobertura original de manguezais da baía de Guanabara.

Mais recentemente e já nos séculos XIX e XX, a ocupação de manguezais na Baixada Santista deu-se por aquele que é o maior complexo portuário da América Latina, o Porto de Santos, em conjunto com uma série de terminais particulares que demandam extensas áreas para suas operações logísticas, além da existência de um polo petroquímico e siderúrgico que por décadas lançou seus efluentes no meio ambiente sem qualquer tratamento. Nesse caso, além da destruição física de extensas áreas de manguezais e de Mata Atlântica, houve uma contaminação ambiental sem precedentes, que culminou com Cubatão ostentando o título de cidade mais poluída do mundo nos anos 1980. Ainda assim, e mesmo com essa triste realidade revertida, a Baixada Santista perdeu 10,6 km^2 de manguezais nos últimos 20 anos.

Diferentemente das florestas tropicais, como a Amazônia ou a Mata Atlântica, o manguezal carece de carisma e, consequentemente, de simpatia da opinião pública. Ele nem mesmo tem a exuberância colorida de um recife de coral, que encanta a audiência dos documentários de vida marinha exibidos nas TVs a cabo e nos canais de *streaming*. Essa discrição esconde, na verdade, fabulosos organismos que revelam o sucesso de um processo evolutivo que permitiu a vida em um ambiente tão extremo. Ora seco, ora inundado pelo mar. Ora salgado, ora banhado pelo rio.

Além de exuberante e essencial ecossistema marinho, o manguezal é também o substrato onde prosperaram comunidades litorâneas tradicionais, que vivem à sua sombra, criando uma paisagem cultural calcada em saberes ancestrais. São comunidades inteiras de catadores de caranguejo, marisqueiras e pescadores artesanais que sabem como ninguém como extrair alimento e sustento do mangue em perfeito equilíbrio com seus ciclos naturais. São populações descendentes de grupos indígenas e quilombolas, caiçaras e caboclos que, ao contrário do colonizador europeu, tinham perfeito conhecimento, compreensão e harmonia com o manguezal. E que erigiram todo um modo de vida, com suas crenças, música, danças, culinária, técnicas, embarcações, artes de pesca e todo o mais que chamamos de uma cultura. E que, ao contrário do imaginário do senso comum, não são apenas pobres sem alternativa, mas uma população orgulhosa do seu meio e modo de vida, como atestam as entrevistas de Cristina Serra ao final deste livro.

****

Esta publicação representa, em boa medida, o resgate do manguezal como um dos mais belos e ricos ecossistemas marinhos e como uma paisagem cultural que é um patrimônio de todos os brasileiros. Ela contém uma visão compreensiva do manguezal e da encruzilhada na qual nos encontramos: preservar ou perecer.

Pelas lentes sensíveis de Enrico Marone, penetramos manguezal adentro, para descobrir a beleza e a poesia que repousa nesse ambiente; pelos textos precisos de seus múltiplos autores, tomamos conhecimento do manguezal em todas as suas dimensões e, principalmente, dos fatores de tensão que ameaçam os nossos mais de 12 mil km^2 de manguezais remanescentes no país.

Mas, principalmente, o livro busca lançar um olhar diverso sobre o manguezal, na contramão do senso comum, para que o leitor consiga enxergar uma riqueza natural inestimável, que precisamos legar às próximas gerações.

OS MANGUEZAIS NA HISTÓRIA DO BRASIL

Arthur Soffiati

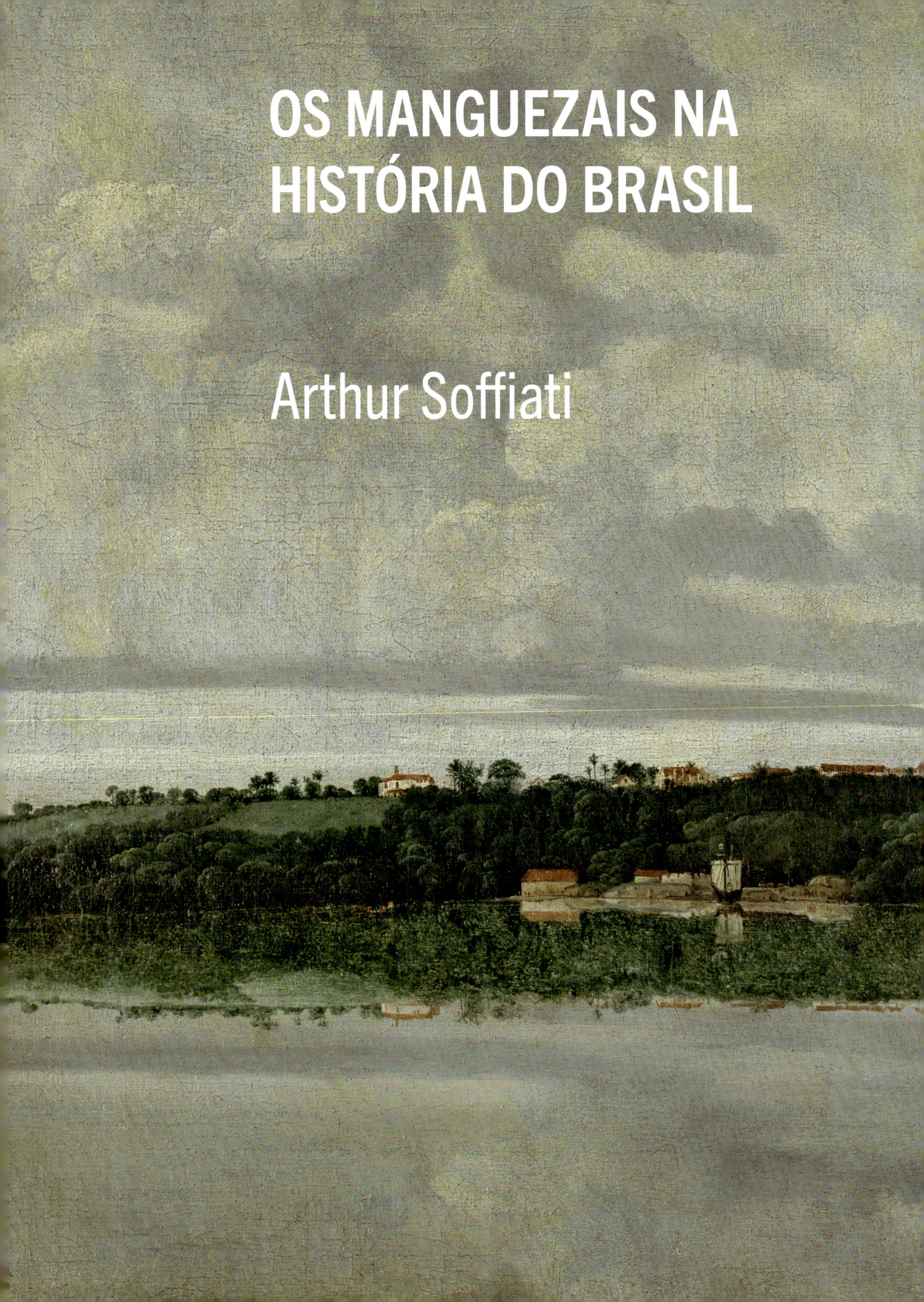

1 Anchieta, J. 1989. Carta fazendo a descrição das inúmeras coisas naturais, que se encontram na província de S. Vicente hoje S. Paulo. *Cartas inéditas*. Rio de Janeiro: Fundação Getúlio Vargas/ Instituto de Documentação.

2 Gândavo, P.M. 1979. *Tratado da Terra do Brasil, no qual se contém a informação das cousas que há nestas partes*. Cadernos de História, vol. 1. São Paulo: Parma.

3 Sousa, G.S. 1938. *Tratado descritivo do Brasil em 1587*. 3ª ed. São Paulo: Companhia Editora Nacional.

4 Thevet, A. 1978. *As singularidades da França Antártica*. Belo Horizonte; São Paulo: Itatiaia; Edusp.

Quando chegaram às terras do futuro Brasil, em 1500, os portugueses não encontraram as valorizadas especiarias da Índia e os desejados metais preciosos, como os espanhóis em suas conquistas na América. Só o pau-brasil chamou a atenção por seu valor comercial. Progressivamente, portugueses, espanhóis, franceses, ingleses e holandeses introduziram nessas novas paragens uma economia de mercado, bem diversa daquela de subsistência dos povos originários. Enquanto estes viviam do extrativismo, os europeus produziam para acumular capital. Com a incorporação gradual das terras americanas a uma economia-mundo, a partir de 1492, o processo hoje conhecido como globalização começou a se consolidar no princípio do século XV com as grandes navegações.

Nos 30 primeiros anos depois da chegada da frota de Pedro Álvares Cabral, o Brasil ficou à margem das grandes rotas comerciais por não contar com uma estrutura de produção estabelecida, como acontecia nas terras orientais ao longo da costa africana e no oceano Índico. Contudo, a presença frequente de outros povos europeus, notadamente franceses, além de corsários e piratas, nas costas brasileiras para negociar com os indígenas, e a descoberta de ouro e prata pelos espanhóis nos seus domínios americanos levaram a Coroa portuguesa a iniciar a colonização do território por meio de capitanias hereditárias, nas quais o plantio de cana para a fabricação do açúcar, produto de grande aceitação no mercado europeu, era feito com a escravização de negros africanos.

A mais antiga notícia sobre manguezais brasileiros conhecida foi escrita por José de Anchieta numa carta de 1560,[1] mas ele não menciona o uso econômico desse ecossistema. Pero de Magalhães Gândavo,[2] historiador e cronista português, que conheceu as capitanias de Ilhéus, da Bahia, e possivelmente de São Vicente, também escreveu sobre os manguezais, tendo colhido informações e redigido seus trabalhos entre 1558 e 1572. Gabriel Soares de Sousa, agricultor e empresário, em seu *Tratado descritivo do Brasil*, de 1587, descreveu as plantas do manguezal e os nomes que os povos nativos lhes atribuíam, como a sereíba, árvore que fornecia boa madeira para lenha e construção de casas e de engenho, além de alimentar caranguejos com suas folhas, ou a canapaúba, cujos ramos se envergavam até o substrato, formando as chamadas raízes-escora e permitindo a ancoragem das plantas no solo lodoso e a incrustação de ostras. Certamente, ele se referia à siriba, siribeira ou siriúba do gênero *Avicennia*, e ao mangue-vermelho, do gênero *Rhizophora*, respectivamente.[3]

Do século XVI são também os testemunhos do francês André Thevet, que descreveu árvores nas desembocaduras de rios no mar inteiramente carregadas de ostras que eram comidas pelos nativos,[4] e de Fernão Cardim, com um relato repleto de imaginação que mencionava árvores de excelente lenha e madeira, de cuja casca se fazia tinta para curtir couro. Nos manguezais, anotou ele, viviam mosquitos, caranguejos, ostras, ratos grandes — provavelmente o gabiru — e papagaios. Os caranguejos mais comuns, segundo Cardim, eram o uçá, que sustentava os índios e os escravos, e o *guanhumig* ou guaiamum, tão grande que "huma perna de hum homem lhe cabe na boca; são bons para comer; quando fazem trovões saem de suas covas, e fazem tão grande matinada huns com os outros, que já ouve [sic] pessoas que acudiram com suas armas, parecendo que erão inimigos".[5] Cardim fez uma observação pertinente de que o guaiamum vivia na borda dos manguezais, enquanto o aratu preferia subir nas árvores. As cerca de doze espécies desses crustáceos, "tantos em número e tão sadios",[6] listadas por Cardim eram usadas como alimento pelos indígenas.[7]

Na última década do século XVI, o corsário inglês Anthony Knivet, que foi prisioneiro de Salvador Correia de Sá, denominado como "o velho", relata ter vivido três meses à beira-mar, onde catava caranguejos, arrancando-os de buracos profundos.[8] A baía do Rio de Janeiro, nessa época, era rica em saudáveis manguezais repletos de vida marinha.

O historiador Sérgio Buarque de Holanda sustenta que os europeus recorreram às tecnologias indígenas para lidar com ecossistemas desconhecidos nos primeiros tempos da colonização.[9] A observação é válida para os manguezais: brancos pobres e negros escravos aprenderam a buscar alimentos ali com os povos indígenas.

No século XVII, o conhecimento dos europeus sobre a natureza e os povos originários do Brasil aumentou. O missionário francês Claude d'Abbeville, a serviço na França Equinocial, colônia fundada no Maranhão, em 1614, deparou com o ecossistema manguezal, já conhecido pelos seus conterrâneos que frequentaram a França Antártica, estabelecida no Rio de Janeiro no século anterior. Em seus apontamentos, d'Abbeville referiu-se às plantas exclusivas desse ecossistema como *apparituriers* (aparadores), formando, segundo ele, excelente barreira para a defesa do Maranhão. Também é detalhada a relação de crustáceos da região que o cronista levantou, com destaque para o uçá, o aratu e os siris.[10] Originário da Bahia, frei Vicente do Salvador escreveu uma história do Brasil publicada em 1627, mencionando alguns moluscos e crustáceos que viviam nos manguezais, bem como sua aparência:

[5] Cardim, F. 1925. *Tratados da terra e da gente do Brasil*. Rio de Janeiro: J. Leite & Cia., p. 92.

[6] Ibidem.

[7] Cardim, F. 1980. *Tratados da terra e gente do Brasil*. Belo Horizonte; São Paulo: Itatiaia; Edusp.

[8] Knivet, A.; Hue, S. (Org.). 2007. *As incríveis aventuras e estranhos infortúnios de Anthony Knivet*. Rio de Janeiro: Zahar.

[9] Holanda, S.B. 2014. *Monções e capítulos de expansão paulista*. São Paulo: Companhia das Letras.

[10] Abbeville, C. 1975. *História da missão dos padres capuchinhos na ilha do Maranhão e terras circunvizinhas*. Belo Horizonte; São Paulo: Itatiaia; Edusp.

> [...] ao longo do mar há grandes matas de mangues, uns direitos e delgados de que fazem estas cercas e caibros para as casas, outros que dos ramos lhes descem as raízes ao lado e delas sobem outros, que depois de cima lançam outras raízes, e assim se vão continuando, de ramos a raízes, e de raízes a ramos, até ocupar um grande espaço, que é cousa de admiração.[11]

Mas é com o domínio holandês no Nordeste, entre 1630 e 1654, mormente no governo de Maurício de Nassau (1637–1644), que estudos e representações do manguezal se tornam mais aprofundados. Nassau veio ao Brasil acompanhado de artistas e naturalistas. A primeira representação pictórica do manguezal — até então descrito somente em palavras — de que se tem notícia é de autoria do pintor Frans Post. Uma versão em gravura do óleo sobre tela intitulado *Vista da cidade Frederica na Paraíba*, de 1638, hoje pertencente a uma coleção particular, foi publicada por Caspar Barlaeus, em 1647, no famoso livro *História dos feitos recentemente praticados durante oito anos no Brasil*, que trata da gestão de Nassau no nordeste brasileiro.[12]

Um dos mais conceituados cientistas da corte de Nassau, o astrônomo, cartógrafo e naturalista George Marcgrave, em suas observações incluídas no livro de Guilherme Piso, *História natural do Brasil*, de 1648, limitou-se a uma breve descrição do manguezal.[13] Piso, porém, reconheceu os saberes populares e descreveu plantas em *História natural e médica da Índia Ocidental*, buscando nelas uma utilidade para a vida humana. Relatou, por exemplo, que a siribeira expelia sal pelas folhas e, com duas ou três delas, poder-se-ia salgar uma sopa; com a casca da cereibuna (provavelmente o mangue-branco, *Laguncularia racemosa*), os pescadores fabricavam cordas; já o mangue-vermelho, ilustrado na edição com propágulos, produzia frutos que eram ingeridos por caranguejos, enquanto sua raiz era usada para curar as mordeduras do venenoso peixe niqui.[14]

Ainda no século XVII, deflagrou-se no Rio de Janeiro um conflito entre os moradores da cidade e os jesuítas, provocado pela disputa por manguezais, como mostraram Vieira Fazenda[15] e Vivaldo Coaracy.[16] Os jesuítas apoderaram-se de áreas de manguezais, impedindo que os moradores as usassem. A Câmara Municipal recorreu ao rei de Portugal em 1677. Os moradores alegaram que seria melhor entregar de vez a cidade aos religiosos do que impedir o uso dos manguezais, pois sem eles a vida cotidiana da cidade se tornaria inviável. Afinal, as árvores de mangue serviam para a produção de caibros e de armações para casas, sendo raras as pessoas que não se utilizavam daquela madeira; proviam lenha para fins domésticos e para abastecer navios, e sua cinza era usada nos engenhos de açúcar situados no recôncavo da baía do Rio de Janeiro.

[11] Salvador, V., frei. 2010. *História do Brasil*. Edição revista por Capistrano de Abreu. Brasília: Senado Federal, p. 78.

[12] Corrêa do Lago, P.; Corrêa do Lago, B. 2006. *Frans Post [1612–1680]. Obra completa*. Rio de Janeiro: Capivara.

[13] Marcgrave, G. 1942. *História natural do Brasil*. São Paulo: Museu Paulista.

[14] Piso, G. 1957. *História natural e médica da Índia Ocidental*. Rio de Janeiro: Instituto Nacional do Livro.

[15] Vieira Fazenda, J. 1940. Antiqualhas e memórias do Rio de Janeiro. 2ª. edição. *Revista do IHGB*, 88(142).

[16] Coaracy, V. 1965. *O Rio de Janeiro no século 17*. Rio de Janeiro: José Olympio.

Alegavam os representantes da população que nunca houve qualquer restrição ao corte de árvores de manguezal por parte do Estado e da Igreja e que, dessa forma, a cidade cresceu com a energia e a matéria-prima provenientes desse ecossistema. Nenhuma referência foi feita ao extrativismo animal praticado por camadas pobres da sociedade. A monarquia portuguesa deu ganho de causa aos habitantes, argumentando que as áreas banhadas por marés pertenciam ao governo real.

Em 1711, o padre André João Antonil publicou *Cultura e opulência do Brasil* [...], obra que se transformou em precioso documento sobre a economia e a sociedade coloniais brasileiras. Vivendo na Bahia, ele mostrou a importância econômica do manguezal para ricos e pobres. Para os ricos, o manguezal era essencial pela lenha do mangue-branco, usada em engenhos e olarias. Para os pobres, fornecia alimento, razão pela qual o padre apontava um conflito de interesses entre os dois lados. Antonil talvez tenha sido o primeiro a observar que o corte de manguezais causava a morte ou o desaparecimento de animais.[17]

Durante todo o século XVIII, a Bahia foi palco de conflitos de interesse em torno de manguezais. Os governadores ora assumiam o lado dos donos de engenhos e curtumes, ora o dos pescadores e coletores, como atesta a vasta correspondência oficial. O grande documento daquele século foi o Alvará Régio de 1760 expedido por D. José, rei de Portugal, permitindo que somente fossem cortadas as árvores de mangue-vermelho das quais já se tivesse extraído as cascas, usadas pelos curtumes que, assim, as condenavam à morte. A determinação beneficiava essa atividade pois não seriam cortadas árvores que ainda pudessem ter as cascas exploradas, mas também protegia a população que buscava alimento no manguezal, pois a área cortada seria menor.[18]

A abertura dos portos, em 1808, por D. João de Bragança, príncipe-regente, facilitou a entrada de naturalistas europeus no Brasil. Um deles foi Maximiliano de Wied-Neuwied, nobre e naturalista alemão que promoveu uma expedição científica do Rio de Janeiro a Salvador pela costa entre 1815 e 1817.

No seu alentado livro, *Viagem ao Brasil*,[19] os manguezais figuraram escassamente, sugerindo que os europeus estavam mais interessados em conhecer as majestosas Florestas Amazônica e Atlântica. Na Bahia, em 1817, Maximiliano anotou que toda a costa era coberta de manguezais, notadamente dos gêneros *Conocarpus* e *Avicennia*, com casca muito explorada pelos curtumes com o emprego de grande contingente de escravos. Essa atividade sugere considerável inversão de capitais e grande lucratividade, incluindo a promoção do tráfico negreiro e os ganhos com a volumosa venda do couro curtido.

[17] Antonil, A.J. 1976. *Cultura e opulência do Brasil por suas drogas e minas*. São Paulo; Brasília: Melhoramentos; INL.

[18] Soffiati, A. 2006. *O manguezal na história e na cultura do Brasil*. Campos dos Goytacazes: Faculdade de Direito de Campos.

[19] Wied-Neuwied, M. 1989. *Viagem ao Brasil*. Belo Horizonte; São Paulo: Itatiaia; Edusp.

É de se notar que Maximiliano, como todo naturalista do século XIX, já tratava plantas e animais pela nomenclatura binária criada por Lineu. Assim, as espécies deixavam de ser vistas isoladamente, passando a agrupar-se em associações de parentesco. Ele ainda observou que os manguezais do sul da Bahia sustentavam donos de olarias e que os pescadores se opunham à extração de árvores de manguezal para lenha por dependerem desse ecossistema. O príncipe anotou, inclusive, que os pescadores levaram suas queixas ao governo português, agora instalado no Rio de Janeiro.

Em 1817, o sacerdote, geógrafo e historiador Manuel Aires de Casal publicou a obra *Corografia Brasílica* com um relato sobre o manguezal ao estilo dos cronistas coloniais. A descrição deixa muito a desejar quando confrontada com algumas produzidas anteriormente.[20] Excursionando pela baía de Guanabara e seus afluentes, em 1816, o comerciante inglês John Luccock tomou vários apontamentos sobre manguezais, ambiente que tendeu a reputar como fétido e infecto.[21]

Pouco tempo depois, em 1818, o naturalista francês Auguste de Saint-Hilaire percorreu as costas do Rio de Janeiro, Espírito Santo e sul do Brasil.[22] Tanto ele quanto Luccock registraram a grande piscosidade em áreas de manguezal, sem, contudo, relacionar a produtividade animal à presença de manguezais.

Depois da Independência do Brasil, em 1822, costuma-se identificar incorretamente duas fases: Primeiro Império e Segundo Império, correspondentes aos dois monarcas. Na verdade, houve um só império com dois reinados até a Proclamação da República, em 1889. No primeiro (1822–1831), merece destaque a presença dos naturalistas alemães Johann Baptist von Spix e Carl Friedrich Philipp von Martius. Na sua monumental obra *Flora Brasiliensis*, Martius dedicou uma página aos manguezais de Ubatuba, São Paulo, atribuindo-lhes a denominação de admirável floresta marítima de árvores vivíparas, mas chamou a atenção para os desagradáveis odores que exalavam da lama pastosa e pútrida. Martius já distinguiu as funções dos manguezais conforme as entendemos atualmente, mas negligenciou sua importância para as comunidades pobres. Viu apenas seu valor econômico para a construção, curtição e medicina.[23]

Mais dois naturalistas alemães visitaram o Brasil e registraram o manguezal no século XIX. O primeiro foi o médico Robert Avé-Lallemant, que empreendeu viagens ao sul e ao norte do país. Na baía de Camamu, na Bahia, divisou vários trechos da costa inteiramente planos e cobertos de viçosos manguezais. Com seu relato *Viagem pelo Norte do Brasil em 1859*, Lallemant contribuiu para disseminar, na Europa, a ideia de que o ambiente tropical induzia à indolência. A seu ver, os habitantes da costa e do entorno de manguezais eram estimulados à preguiça pela facilidade na obtenção de alimentos.[24] O segundo foi o naturalista Hermann Burmeister, que publicou três obras sobre sua viagem por terras brasileiras. Ele

[20] Aires de Casal, M. 1976. *Corografia Brasílica*. Belo Horizonte; São Paulo: Itatiaia; Edusp.

[21] Luccock, J. 1975. *Notas sobre o Rio de Janeiro e partes meridionais do Brasil*. Belo Horizonte; São Paulo: Itatiaia; Edusp.

[22] Saint-Hilaire, A. 1936. *Viagem à Província de Santa Catarina (1820)*. São Paulo: Companhia Editora Nacional; *Viagem pelo Distrito dos Diamantes e Litoral do Brasil*. 1974. Belo Horizonte; São Paulo: Itatiaia; Edusp; *Viagem ao Espírito Santo e Rio Doce*, 1974. Belo Horizonte; São Paulo: Itatiaia; Edusp.

[23] Martius, C.F.P.; Eichler, A.G.; Urban, I. *Flora Brasiliensis Enumeratio Plantarum in Brasilia Hactenus Detectarum*. S/l: s/d.

[24] Avé-Lallemant, R. 1961. *Viagem pelo norte do Brasil no ano de 1859*. 2 vols. Rio de Janeiro: Instituto Nacional do Livro.

atravessou a baía de Guanabara em 1850, rumo à região serrana do Rio de Janeiro e Minas Gerais, e anotou a presença de manguezais e caranguejos.[25]

Merecem destaque os brasileiros Francisco Freire Alemão, Emílio Joaquim da Silva Maia e Pedro Soares Caldeira. Alemão descreveu os manguezais do Ceará, com destaque para o mangue-de-botão (*Conocarpus erectus*), considerado por especialistas uma espécie associada a manguezais, mas não típica desse ecossistema.[26] Maia relacionou integridade dos manguezais e saúde pública.[27] Mas Caldeira, um jornalista, foi o mais incisivo de todos. Autodidata, denunciou com veemência o desarraigamento dos manguezais da baía de Guanabara, atribuindo à agressão a esse ecossistema as epidemias e o caráter endêmico da febre amarela, bem como parte da razão para o declínio da atividade pesqueira. Enquanto o Governo Imperial se voltava para a Floresta da Tijuca, Caldeira reclamava do abandono dos manguezais, tão importantes para os pescadores.[28]

No Brasil República, as vozes em defesa dos manguezais e de um uso condizente com suas características tornaram-se mais frequentes, mas ainda pouco ouvidas pelos governantes. Hermann Luederwaldt, assistente de zoologia no Museu Paulista da Universidade de São Paulo (USP), trouxe à luz um denso estudo sobre os manguezais de Santos, a primeira obra de vulto sobre eles produzida no Brasil. Ele registrou a atividade extrativista animal por comunidades tradicionais.[29]

Em um curso de Geografia Botânica no Museu Nacional, no Rio de Janeiro em 1932, Alberto José de Sampaio, biólogo pioneiro do conservacionismo no país, não considerou o manguezal um ecossistema unicamente brasileiro, visto a sua ampla distribuição pela área intertropical. Embora seja um dos cientistas que renovaram a ciência no Brasil, nos seus trabalhos não demonstrava preocupação com as comunidades que viviam dos manguezais.[30] Essa preocupação manifestou-se no botânico Frederico W. Freise, no I Congresso Nacional de Pesca, realizado no Rio de Janeiro em 1934. Ele alertou a comunidade científica quanto à importância dos manguezais para a atividade pesqueira. Sua concepção sobre esse ecossistema se aproximava muito da atual.[31] Contudo, o parecer substitutivo à sua tese, formulado pelo anatomista João Moreira da Rocha e pelo zoólogo Cândido Firmino de Melo Leitão, foi bastante conservador. O primeiro considerou que Freise divagava mais que propunha, pouco acrescentando para aprofundar o reconhecimento de que os manguezais constituíam um valioso reservatório para a ictiofauna e fonte de tanino útil para as indústrias. Rocha propôs que o governo permitisse o corte de árvores para fins industriais a 40 metros das margens dos corpos d'água onde se desenvolvem a fim de manter uma expressiva faixa de reserva. Já Melo Leitão sugeriu auxílio à instalação de usinas para aproveitamento do estudo da biologia da *Rhizophora* com fins de proteção e de exploração, bem como para aproveitamento do cilindro central em pasta para papel.

25 Burmeister, H. 1980. *Viagem ao Brasil*. Belo Horizonte; São Paulo: Itatiaia; Edusp.

26 Alemão, F.F. 1961. Papéis da expedição ao Ceará: viagem a Vila Velha e Barra do Ceará. In: Damasceno, D. & Cunha, W. (Orgs.). *Anais da Biblioteca Nacional*, vol. 81.

27 Maia, E.J.S. 1835. *Discurso sobre os males que tem produzido no Brasil o corte das matas e sobre os meios de os remediar*. Rio de Janeiro: Tipografia Fluminense de Brito & Comp.

28 Caldeira, P.S. 1884. *O corte do mangue. Breves considerações sobre o antigo e atual estado da Baía do Rio de Janeiro, consequências da destruição da árvore denominada mangue, método bárbaro da pesca e decadência desta indústria*. Rio de Janeiro: Tipografia Imp. e Const. de J. Villeneuve & C.

29 Luederwaldt, H. 1919. Os manguezais de Santos. *Revista do Museu Paulista*, tomo XI. São Paulo: Diário Oficial.

30 Sampaio, A.J. 1945. *Fitogeografia do Brasil*, 3ª ed. São Paulo: Companhia Editora Nacional.

31 Freise, F.W. 1934. A importância da conservação dos mangues como viveiros de peixes. *Congresso Nacional da Pesca, 1º*. Rio de Janeiro: Ministério da Agricultura/Divisão de Caça e Pesca.

Só na década de 1970, os manguezais passaram a ser vistos como ecossistemas. Os trabalhos pioneiros realizados por cientistas como James Gilbert Watson, Pierre Dansereau, F.E. Egler e V.J. Chapman estimularam um grupo de pesquisadores estrangeiros e brasileiros a investigarem com dedicação quase exclusiva esse ambiente em toda a zona tropical. A partir de fins dos anos de 1960, contribuições notáveis do ecólogo Ariel Lugo, S. C. Snadeker, William MacNae (zoólogo), P. Barry Tomlinson (botânico) e G. E. Walsh, para só citar os mais destacados, vieram a enriquecer extraordinariamente o conhecimento do manguezal. Espécie de elo entre os pesquisadores estrangeiros e brasileiros, o biólogo marinho Gilberto Cintrón-Molero conta com vasta produção de trabalhos associados a ambos. Entre os brasileiros, um dos primeiros trabalhos consistentes acerca de manguezais foi assinado pelo botânico Antonio Lamberti. Na década de 1970, proliferaram os investigadores dedicados ao conhecimento dos manguezais. Dentre eles, assomam os nomes de Yara Schaeffer-Novelli e de Marta Vannucci, que contam várias décadas na área de oceanografia biológica, com ênfase em ecossistemas costeiros. Vannucci estudou manguezais do Brasil, do México e da Índia. Várias contribuições de peso têm vindo a lume como resultado de pesquisas minuciosas de uma constelação de cientistas que aumenta dia a dia.

A maioria dos estudiosos revela, mesmo nas entrelinhas, um compatibilismo brando, que admite apenas, no manguezal, a prática artesanal para subsistência ou para comercialização, o extrativismo animal, o ecoturismo e a apicultura e um compatibilismo forte, defendendo a silvicultura, a aquicultura e a agricultura, sem esquecer as atividades extrativistas tradicionais.[32]

Apenas recentemente, a voz das camadas populares da sociedade, vivendo ou não no e do manguezal, foi ouvida sem intermediários. A partir da década de 1970, os manguezais, de ambientes insalubres, tornaram-se ecossistemas exaltados por sua produtividade biológica, e seus habitantes foram despidos da roupagem de merecedores de comiseração para se transformarem em pessoas dignas. Os "povos da lama", como são chamados, têm certamente um passado e uma história não devidamente registrados. Nesse período, os manguezais e os "povos da lama" foram descobertos por segmentos da comunidade científica, suscitando a publicação de vários trabalhos e a realização de eventos em diversos pontos do Brasil. Na década de 1990, foi fundada, no Rio de Janeiro, uma organização não governamental denominada Mundo da Lama, que passou a patrocinar encontros nacionais e regionais de educação ambiental em áreas de manguezal. Dois princípios norteavam os eventos: os encontros deveriam ocorrer em toda a costa brasileira onde existissem manguezais, de preferência em cidades de pequeno ou médio porte; dos encontros, necessariamente, deveriam participar representantes de comunidades tradicionais que vivem total ou parcialmente dos manguezais.

[32] Soffiati, 2006. Op. cit.

Contudo, as comunidades tradicionais de coletores e pescadores em manguezais formadas por descendentes de grupos indígenas e quilombolas, caiçaras, caboclos e mulheres em todo o Brasil estão ameaçadas pela economia de mercado globalizada. Pressionadas pelo comércio, tais comunidades abandonam os métodos tradicionais de coleta e passam a adotar métodos predatórios. Outros permanecem em áreas de manguezal, mas buscam atividades fora dele. Há inclusive pessoas de baixa renda que se instalam nas proximidades de manguezais e ganham dinheiro com sua destruição, como no rio Macaé, no estado do Rio de Janeiro. São antigos pequenos agricultores e criadores ou trabalhadores urbanos que, atraídos pela ilusão de emprego em empresas, migraram para áreas urbanas e não conseguem se inserir no mercado de trabalho, tornando-se vulneráveis e sujeitos à pobreza extrema e à influência das drogas, da prostituição e do tráfico de armas.[33]

A existência do manguezal independe do ser humano. Porém, ele é representado mentalmente pelos sistemas econômicos e pelas culturas que o conhecem. Para a economia de asiáticos, africanos e americanos anteriores ao domínio europeu, ele é visto como ambiente povoado por entidades sobrenaturais, que ainda hoje sobrevivem em algumas partes. Além dessas concepções, o manguezal era e é, para esses povos, fonte de recursos.

A economia de mercado, porém, pode ameaçar a integridade do ecossistema, vendo-o como obstáculo a ser removido em nome do desenvolvimento. Essa concepção está presente em todo o mundo integrado à globalização. Na África, os manguezais estão dando lugar a cidades e a empreendimentos imobiliários. Na Ásia, eles estão sendo convertidos em projetos de silvicultura e de carcinicultura. Na América tropical ocorre a sua supressão e a sua conversão em fazendas de criação de camarão. No Brasil, a zona costeira não é bem protegida pelo Código Florestal e pela Lei da Mata Atlântica, como se esperaria desta segunda, já que se entende a Zona Costeira como parte da Mata Atlântica. Daí a necessária complementação representada pelas Resoluções Conama n°s. 302 e 303, que foram revogadas pelo ex-ministro do Meio Ambiente Ricardo Salles. A revogação foi anulada pelo Supremo Tribunal Federal.

Por outro lado, o ecossistema manguezal ganha um novo alento na comunidade científica: trata-se de um ecossistema com grande capacidade de reservar gases que provocam mudanças climáticas. Por seu valor científico e por atender a uma economia de subsistência, além de seu potencial turístico e educacional, projetos de revitalização desse ecossistema estão sendo concebidos em todo o Brasil, embora ainda encontrando resistência de forças conservadoras. Espera-se que as áreas de manguezal ganhem sua real dimensão, inclusive com a incorporação das planícies salgadas (apicum), atualmente excluídas do ecossistema pelo Código Florestal.

[33] Soffiati, A. 2004. Da mão que captura o caranguejo à globalização que captura o manguezal. *Anais do II Encontro da Associação Nacional de Pós-Graduação e Pesquisa em Ambiente e Sociedade*. Indaiatuba.

Durante todo o século XVI, desconhecemos desenhos do ecossistema manguezal ou de seus aspectos. Os primeiros registros pictóricos começam com a fundação de uma colônia holandesa no nordeste do Brasil entre 1630–1654. Graças ao príncipe João Maurício de Nassau, cientistas e artistas retrataram aspectos naturais e culturais do Brasil. Um deles, foi Willem Piso, que voltou seu olhar também para o manguezal e seus habitantes. O guaiamum (*Cardisoma guanhumi*) é um dos três caranguejos mais conhecidos do mangue, ao lado do uçá e do aratu.

We do not know of any drawings of the mangrove ecosystem or its features made in the 16th century. The first pictorial records date back to the foundation of a Dutch colony in the northeast of Brazil between 1630–1654. Thanks to Prince John Maurice of Nassau, scientists and artists portrayed natural and cultural aspects of Brazil. One of them was Willem Piso, who also turned his eye to the mangroves and their inhabitants. The blue land crab (*Cardisoma guanhumi*) is one of the three best-known mangrove crabs, alongside the swamp ghost crab and the mangrove tree crab.

Willem Piso, 1658. Do livro [From the book] *De Indiae utriusque re naturali et medica libri... Guanhumi*, p. 77; *Uça-Una* I., p. 76. Fundação Biblioteca Nacional

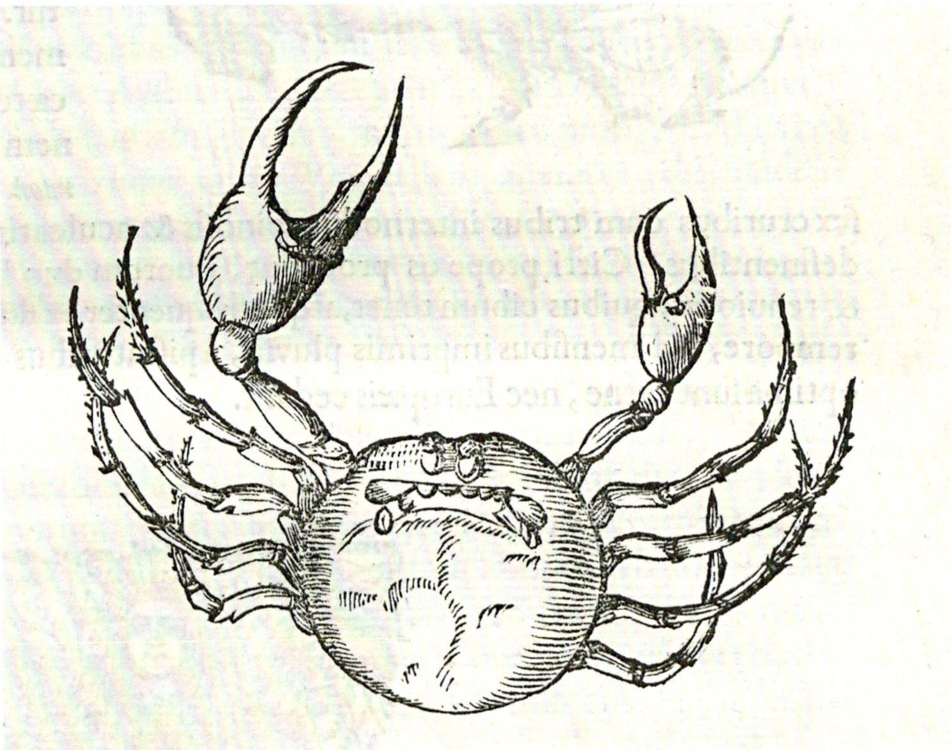

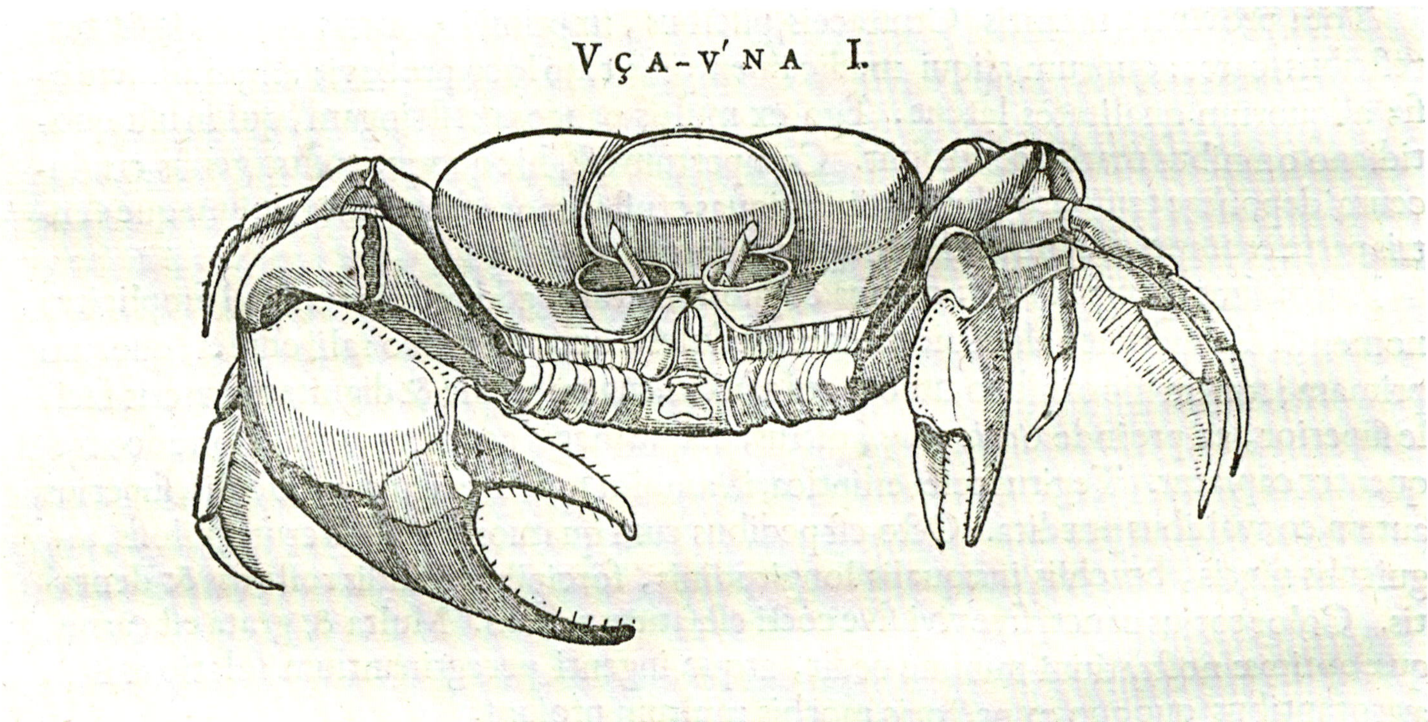

Neste desenho, Piso representa um propágulo ou semente de mangue-vermelho do gênero *Rhizophora*, que ocorre em toda a costa do Brasil entre Amapá e Santa Catarina. É a espécie que atua como logomarca do manguezal, com suas ramificações do caule conferindo à árvore o aspecto de aranha. Piso registra também as propriedades medicinais da planta.

In this drawing, Piso represents a propagule or seed of the red mangrove of the genus *Rhizophora*, which occurs along the entire stretch of Brazilian coast from Amapá to Santa Catarina. This is the trademark species for the mangrove, with its spider-like prop roots. Piso also records the plant's medicinal properties.

Willem Piso, 1658. Do livro [From the book] *De Indiæ utriusque re naturali et medica libri... Guaparaiba*, p. 204. Fundação Biblioteca Nacional

Secunda *Çereibúna*; quæ non radices ex ramis in terram agit, nec tam tortuoſo flexu luxuriat. Folio eſt craſſo, glabro, rotundo, dilute viridi, flore albicante, exiguo fructu & valde amaro, nucis avellanæ magnitudine, quo cum Palumbi & cæteræ volucres, defectu melioris alimenti, ſeſe ingurgitarunt, adeo eorum caro amareſcit, ut vix eſculenta ſit. Cortice exiſtit rubro, ex quo Rhois coriaria, Europæa haud inferior, conficitur, piſcatoribus quoque ad retia tingenda, in quotidiano uſu.

GVAPARAÍBA.

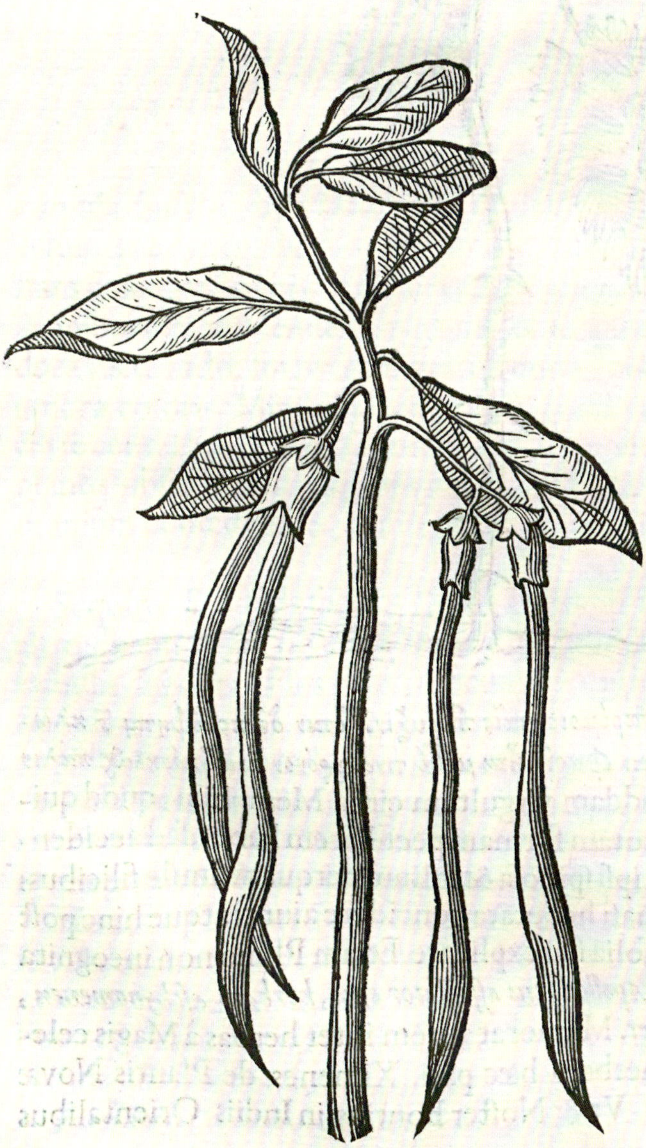

Tertia & poſtrema vera eſt *Guapariïba* dicta Luſitanis *Mangue Verdadeiro* cæteris magnitudine & præſtantia longe ſuperior. Æſtivis menſibus fert ſiliquas inutiles fuſci coloris pulpa amara refertas, oblongas duas ſimul copulatas; ejuſque admirandus eſt creſcendi modus. Sicut enim ramos in altum vergentes & Pyri inſtar frondeſcentes habet, ita multi ejus rami ἄφυλλοι in radices converti videntur, quod deorſum tendant & ſub terram ſe figant, aliiſque ramis apprehenſis, iis copulentur, ſimulque ſe protrudant, nec minus firmiter cohæreant, quam primarii arboris trunci; ita ut ex multis caudicibus ſimul connexis arbor conflata videatur, egregio ſane ſpectaculo & ſingulari arboris hujus natura, vepreti inſtar oram obſepiente, difficilemque aditum præbente. Lignum arboris eſt grave, ſolidum & corticem habet brunnum: ramos & folia ſibi oppoſita; atque hæc quidem craſſa nervo ſecundum longitudinem, & multis venis ſecundum latitudinem, læte

Post é considerado o primeiro pintor a representar o mangue no Brasil. Nesta tela, vê-se um exemplar de mangue-vermelho com uma planta de aninga à sua frente. O mangue-vermelho é exclusivo do ecossistema manguezal, enquanto a aninga é uma planta aquática que ocorre em locais com menor salinidade nos manguezais.

Post is considered the first painter to depict the mangroves in Brazil. This canvas shows a specimen of red mangrove with an aninga plant in front of it. The red mangrove is exclusive to the mangrove swamp ecosystem, while the aninga is an aquatic plant that occurs in areas with low salinity in mangroves.

Frans Post, 1638. *Vista da cidade Frederica na Paraíba.*
[View of Frederikstad in Paraiba]
Coleção [Collection] Patricia Phelps de Cisneros

Barleus escreveu uma história do império colonial holandês no Brasil, louvando o governo de João Maurício de Nassau. Para ilustrar essa obra, ele se valeu de desenhos feitos por artistas holandeses que integraram a comitiva do príncipe. Na imagem abaixo, vê-se resquício de um manguezal com rizóforos (ramificações caulinares) de mangue-vermelho.

Baerle wrote a history of the Dutch colonial empire in Brazil, praising the government of John Maurice of Nassau. To illustrate this work, he used drawings by Dutch artists who were members of the prince's entourage. The image below shows the remains of a mangrove swamp with red mangrove rhizophores (prop roots).

Frans Post, 1647. Caput S. Augustini. Do livro de [From Caspar van Baerle's book] Caspar Barleus, *Rerum per octennium in Brasilia*. Biblioteca Nacional

Ecossistema desconhecido acima do Trópico de Câncer e abaixo do Trópico de Capricórnio, o manguezal figura em vários registros cartográficos por representar perigo à navegação, constituir obstáculo à lavoura, à pecuária e a edificações ou assinalar reserva de lenha e madeira, como acontecia no entorno das baías de Guanabara, de Camamu, de Todos os Santos, do rio Capibaribe, da ilha de São Luís e de outros terrenos propícios ao crescimento de manguezais, geralmente ambientes estuarinos.

AB Testada na Costa do mar
BC Divisão com o Sarg.to Mor João Antônio Correa
CD Divisão com D. Joanna Isabel
DA Ditta com o C.el Claudio José Per.a
E Lugar que já foi Armazém
F Sangradouro do Mangal
G Segundo sangradouro
H Terreiro ditto
I Terreno enxuto
L Costa de mar
AB. DC. Testada e Fundos com 200 braças a Rumo de Ouesnoroeste a Lessueste
AD.BC Divisões com 120 braças de Sertão a Rumo de Nornoroeste a Susueste

An ecosystem unknown above the Tropic of Cancer and below the Tropic of Capricorn, the mangrove appears in various cartographic records since it represented a danger to navigation, an obstacle to crop farming, livestock rearing and to buildings or a reserve of firewood and timber, as was the case around the bays of Guanabara, Camamu, Todos os Santos, the Capibaribe river, the island of São Luís and other land favourable to the growth of mangroves, generally estuarine environments.

AB Seafront
BC Border with Sergeant Major João Antônio Correa
CD Border with D. Joanna Isabel
DA In association with with Colonel Claudio José Pera
E Site that was once a warehouse
F Mangrove's main channel
G Secondary channel
H Area in partnership
I Dry land
L Seashore
AB. DC. Frontage and depth measuring 200 fathoms from west-northwest to east-southeast
AD.BC Boundaries measuring 120 fathoms of Sertão from north-northwest to south-southeast

Descrição de um mangal alagadiço denominado Porto das Pedras, Districto de São Gonçalo, executado pelo piloto Nicolao Jose Lamego, que anda requerendo José Xavier da Silva [Description of a mangrove swamp called Porto das Pedras, a district of São Gonçalo, made by the pilot Nicolao Jose Lamego, who has been petitioning José Xavier da Silva], 1816. Fundação Biblioteca Nacional

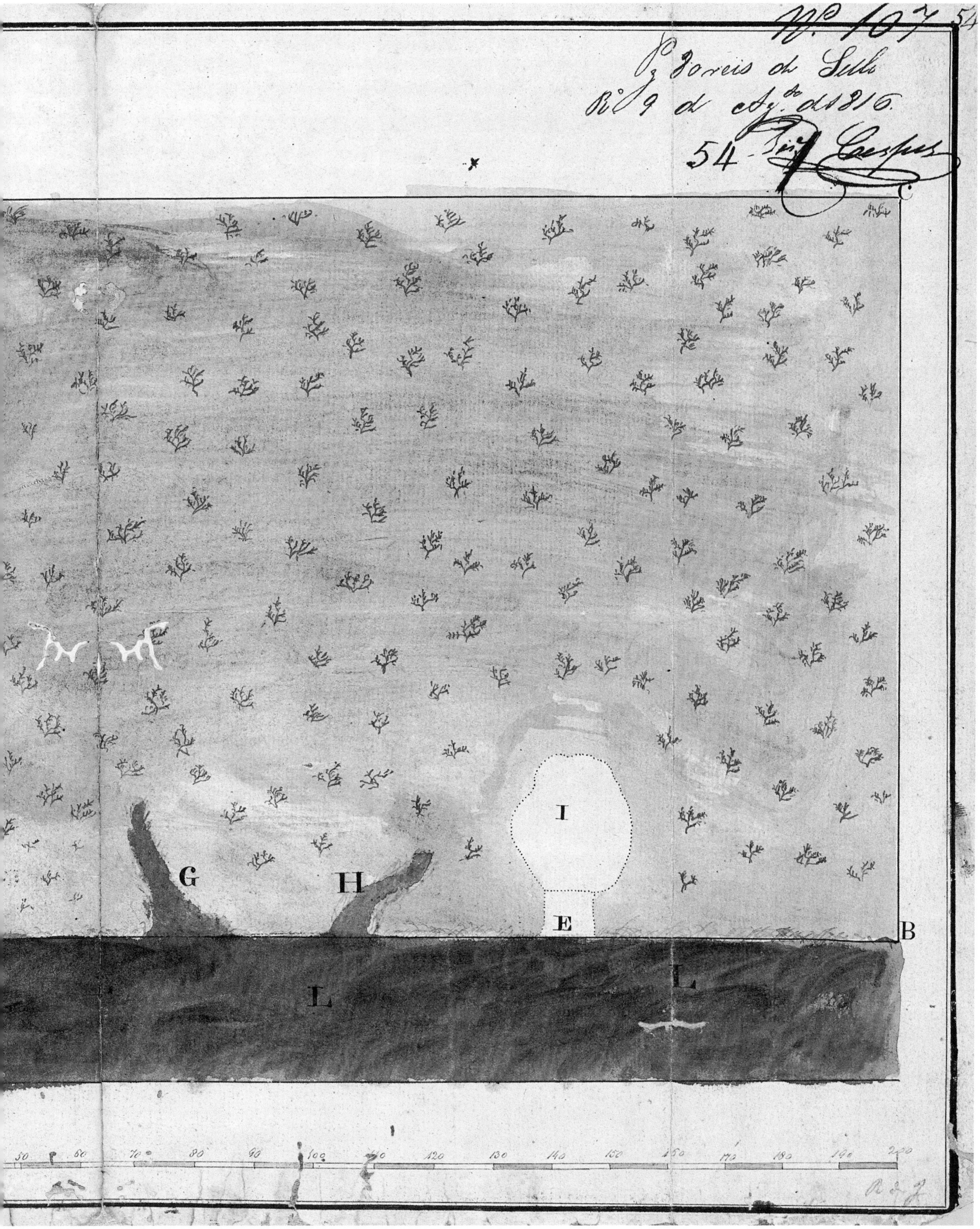
I
G
H
E
B
L
L

Tudo indica que Jacquin tenha sido o primeiro botânico europeu a visitar a América tropical logo depois do advento do sistema binário criado por Lineu para classificação de plantas e animais. Em expedição científica ao Caribe e à América Central entre 1754 e 1759, o botânico registrou espécies de manguezal dos gêneros *Rhizophora*, *Avicennia* e *Conocarpus*. No desenho, a representação de *Avicennia nitida*, hoje rebatizada como *Avicennia germinans*, espécie que ocorre entre a Flórida, nos Estados Unidos, e Rio das Ostras (RJ), no Brasil.

Everything suggests that Jacquin was the first European botanist to visit tropical America soon after the advent of the binary system created by Linnaeus for classifying plants and animals. During a scientific expedition to the Caribbean and Central America between 1754 and 1759, the botanist recorded mangrove species of the genera *Rhizophora*, *Avicennia* and *Conocarpus*. In the drawing, a representation of *Avicennia nitida*, now renamed *Avicennia germinans*, a species that occurs between Florida in the United States and Rio das Ostras (RJ) in Brazil.

Nikolaus Joseph von Jacquin, 1787–1788. *Avicenna nitida*. Prancha [Plate] 205, vol. 3, do livro [from the book] *Dreyhundert auserlesene amerikanische Gewächse (1785–1789)*. New York Botanical Garden/ Plantillustrations.org

O príncipe Wied-Neuwied foi um dos primeiros naturalistas a promover um estudo sistemático da natureza brasileira. Entre 1815 e 1817, organizou uma grande expedição científica do Rio de Janeiro a Salvador na companhia de dois naturalistas também alemães. Sua atenção recaía mais sobre aves, mas não deixou de registrar em suas obras animais de outros grupos, além de plantas. Esta exsicata de mangue-vermelho é uma raridade coletada durante seus 14 meses de estada na Bahia.

Prince Wied-Neuwied was one of the first naturalists to promote a systematic study of the Brazilian nature. Between 1815 and 1817, he organised a major scientific expedition from Rio de Janeiro to Salvador in the company of two other German naturalists. His focus was more on birds, but he did record animals from other groups as well as plants in his works. This red mangrove exsiccata is a rarity that he collected during his 14-month stay in Bahia.

Maximilian zu Wied-Neuwied, 1859-60. Exsicata de *Rhizophora mangle* coletado em Ilhéus [Exsiccata of *Rhizophora mangle* collected in Ilhéus]
Naturhistorisches Museum, Wien

Benjamin Mary foi diplomata a serviço da Bélgica no Brasil entre 1834 e 1838. Era desenhista e retratou o Rio de Janeiro em seus vários aspectos, sobretudo naturais. Viajou pela província de São Paulo, onde registrou esses dois exemplares de mangue-vermelho. A prancha foi escolhida por Martius para ilustrar o capítulo dedicado à espécie em sua obra magna, *Flora brasiliensis*.

Benjamin Mary was a Belgian diplomat in Brazil between 1834 and 1838. He was a draughtsman and portrayed the various aspects of Rio de Janeiro, especially its nature. He travelled through the province of São Paulo, where he drew these two specimens of red mangrove. The board was chosen by Martius to illustrate the chapter dedicated to the species in his masterpiece, *Flora brasiliensis*.

Benjamin Mary [del.], 1906. *Silvae Maritimae Arborum Vivipararpum, Prope Ubatuva, Prov. S. Pauli*. Prancha [plate] n°. XII, parte [part] 1, vol. 1, do livro [of the book] *Flora brasiliensis*, de [by] Carl Martius, C.F.P.; Eichler, A.W. & Urban, I., 1840–1906. Cria.org.br

Benj. Mary del.

Tab. physiognom. XII.

Com olhar mais atento à cultura do que à natureza do Brasil, Debret registrou vários aspectos da vida cotidiana. Aqui, ele retrata dois carregadores de telhas. O barro colhido para sua fabricação podia provir de áreas adjacentes a manguezais, desde que não salinas. Era comum o uso de árvores de mangue como lenha para cozê-las. O teor calórico do mangue--vermelho é bastante alto.

With an eye for Brazil's culture rather than nature, Debret recorded various aspects of everyday life. Here, he depicts two roof tile carriers. The clay gathered to produce the tiles might have come from areas adjacent to mangroves, provided they were not saline. It was common to use mangrove trees as firewood to cook the tiles. Red mangrove has a very high heating value.

Jean-Baptiste Debret, 1835. *Transporte de telhas* [Transport of roof tiles]. Do livro [from the book] *Voyage pittoresque et historique au Brésil*, tomo [tome] II, prancha [plate] 42. Fundação Biblioteca Nacional

O uso da lenha de manguezais foi abundante nos períodos colonial e imperial. Embora fosse área de marinha sob domínio público, a fiscalização não coibia a extração de árvores, que eram usadas na fabricação de carvão para uso doméstico, dos curtumes, dos navios, dos engenhos e até das locomotivas a vapor com o advento das ferrovias.

The use of mangrove firewood was abundant in the colonial and imperial periods. Although it was a maritime area under public control, the auditors did not restrain the extraction of trees, which were used to make charcoal for domestic use, tanneries, ships, mills and even steam locomotives with the advent of the railways.

Abaixo [Below]: Joaquim Lopes de Barros Cabral Teive (atribuído) [attributed to], 1841. N°. 31. *Preta vendendo carvão* [Black woman selling coal]. Coleção Martha e Erico Stickel/Instituto Moreira Salles

Francisco Freire Alemão era formado em medicina mas dedicou-se à botânica, o que era comum no século XIX, quando naturalistas não se especializavam em ramos do conhecimento. Ele integrou a Comissão Científica do Império ao Nordeste do Brasil entre 1859 e 1861, fazendo vários desenhos de plantas de manguezal.

Francisco Freire Alemão had a degree in medicine but was a devoted botanist, which was a common practice in the 19th century when naturalists did not specialise in branches of knowledge. He was part of the Empire's Scientific Commission to the Northeast of Brazil between 1859 and 1861, and made several drawings of mangrove plants.

Francisco Freire Alemão, 2 de maio de 1859 [May 2, 1859]. *Mangue de aspecto florestal. Rio Ceará* [Forest-looking mangrove. Ceará River]. Fundação Biblioteca Nacional

As três fotos aqui apresentadas fazem parte de uma coleção maior registrando a abertura de uma rodovia no Ceará. O manguezal figura mais como pano de fundo, revelando prática muito comum no Brasil: a destruição de áreas de mangue para a construção de obras públicas e mesmo particulares.

The three photos shown here are part of a larger collection documenting the opening of a highway in Ceará. The mangroves are more of a backdrop, revealing a very common practice in Brazil: the destruction of mangrove areas for the construction of public and even private developments.

O. Justo, 19--. *Abertura da estrada de Soure. Construção de um pontilhão de cimento armado no mangue. Ceará.* [Opening of the Soure road. Construction of a reinforced concrete bridge in the mangrove. Ceará] Fundação Biblioteca Nacional

O jornalista e desenhista Magalhães Correa registrou aspectos da baía de Guanabara e da Barra da Tijuca, que ele chamou de Sertão Carioca. Nos seus artigos ilustrados com xilogravuras, o manguezal figura constantemente. Ele o chamava de floresta marítima, mostrando conhecimento de suas espécies exclusivas, dos caranguejos que o frequentavam e dos usos que faziam pescadores no aproveitamento de seus recursos e trabalhadores no emprego de árvores de mangue para a fabricação de carvão. Meticuloso, registrou as várias etapas desse processo.

The journalist and draughtsman Magalhães Correa recorded aspects of Guanabara Bay and Barra da Tijuca, which he called Sertão Carioca [Rio de Janeiro's hinterland]. In his articles illustrated with woodcuts, the mangrove is a constant feature. He called it a maritime forest, showing knowledge of its exclusive species, the crabs found there and the uses fishermen made of its resources and how workers used mangrove trees to make charcoal. He meticulously documented the various stages of this process.

Armando Magalhães Correa, 1938. Imagens do livro [Images from the book] *O sertão carioca*. À esquerda [To the left]: *Os machadeiros dos alagados [The axemen of the wetlands].* No centro [At the centre]: *Formação do balão* [Stove construction]. Abaixo [Below]: *Balão funcionando* [Working stove]. Página à direita [Page to the right]: *O manguezal* [The mangrove]. Fundação Biblioteca Nacional

Maureen Bisilliat fez registros fotográficos ilustrativos do cotidiano de pessoas que vivem de uma economia extrativista em áreas de manguezal, como pescadores, marisqueiros e, sobretudo, catadores de caranguejo. É interessante notar a grande presença feminina nessa economia, com os homens se dedicando à pesca e as mulheres cuidando da extração de caranguejos por meio do braceamento, que consiste em enfiar o braço na toca do caranguejo e capturar o animal com a mão.

Maureen Bisilliat took photographs illustrating the daily lives of people who make their living from an extractive economy in mangrove areas, such as fishermen, shellfish gatherers and, above all, crab gatherers. There is a notably large female presence in this economy, with the men dedicating their time to fishing and the women taking care of extracting crabs by sticking their arms into the crab's burrow and catching them by hand.

Maureen Bisilliat, 1943. *Catadora de caranguejo/ catador de caranguejo*, da série *Caranguejeiras* [*Crab gatherer*, from the Caranguejeiras series]. Mangue do Bueiro, ilha do Tiriri [Bueiro Mangrove, Tiriri Island], Paraíba. Instituto Moreira Salles

O mangue-vermelho é a espécie vegetal mais popular do manguezal por conta das ramificações do caule, com as quais ele se fixa mais firmemente no substrato lamoso. O aspecto de aranha dessa planta chamou logo a atenção de Gautherot, desenhista, fotógrafo e pintor que percorreu mais de 18 estados brasileiros documentando as paisagens, a arquitetura, o povo e a diversidade cultural do país. Nesta imagem, outra espécie também foi registrada, mas o mangue-vermelho é a que se destaca.

The red mangrove is the most popular plant species in the mangrove forest due to the branching of the stem, which allows it to fix itself more firmly to the muddy substrate. The spider-like appearance of this plant immediately caught the attention of Gautherot, designer, photographer and painter, who traveled to more than 18 Brazilian states documenting the country's landscapes, architecture, people and cultural diversity. In this image, another species was also recorded, but the red mangrove is the one that stands out.

Marcel Gautherot, 1960. *Mangue, Rio de Janeiro* [Mangrove, Rio de Janeiro] Instituto Moreira Salles

MANGUEZAL, MANGUE E SUAS ADAPTAÇÕES

Marília Cunha Lignon

Os manguezais são um dos ecossistemas mais ricos, importantes e fascinantes do planeta. Eles se desenvolvem em áreas de transição entre os ambientes terrestre e marinho, também conhecidas como estuários, criando uma paisagem única e cheia de vida. O termo "manguezal" refere-se ao ecossistema, com seus componentes bióticos, incluindo a flora e a fauna, e abióticos, como os tipos de sedimento e as variações nas marés e na salinidade que influenciam os inúmeros seres vivos que nele habitam. Já o termo "mangue" é aplicado à vegetação arbórea típica que forma as florestas à beira-mar e cria condições para o florescimento de uma intrigante variedade de organismos, de peixes que nadam entre as raízes na maré alta a caranguejos, diminutos invertebrados e microrganismos que vivem associados ao sedimento.

O que torna os manguezais tão especiais é a sua capacidade de sobreviver e prosperar em um ambiente extremo e variável. O sedimento é lamoso e acumula uma grande quantidade de matéria orgânica, cuja decomposição consome o oxigênio e reduz o pH da água que existe nos interstícios dos grãos de sedimento. Além disso, a biota dos manguezais está exposta aos raios solares intensos das regiões tropicais e subtropicais e aos fortes ventos costeiros, ambos atenuados pelas amplas copas das árvores de mangue. Os manguezais também enfrentam constantemente a influência das marés, com suas variações diárias e relacionadas aos ciclos lunares que resultam em mudanças drásticas nas condições de salinidade, mas também na disponibilidade de água, oxigênio e alimento. Isso ocorre porque alguns organismos do manguezal ficam submersos durante as marés altas e emersos nas marés baixas.

Nas marés baixas, o substrato do manguezal fica exposto ao ar e os organismos reduzem sua atividade para lidar com a dificuldade de realizar trocas gasosas e se alimentarem. Muitos animais que vivem no manguezal respiram utilizando o oxigênio presente na água de modo que quando a maré está baixa eles não conseguem realizar as trocas gasosas. De forma semelhante, alguns organismos retiram seu alimento da água por filtração, como as ostras, o que não é possível ser feito quando estão expostos ao ar. Nesses momentos, esses seres fecham-se em suas conchas para manterem a umidade e não ressecarem. Mas há outras formas de a biodiversidade se relacionar com o movimento das marés. Algumas espécies de caranguejos sobem em árvores nas marés altas, fugindo de predadores, e descem nas marés baixas para a lama para se alimentarem.

As variadas adaptações que permitiram aos componentes desse ecossistema viver sob essas condições desafiadoras surgiram a partir de um processo evolutivo notável ao longo de milhões de anos. A vegetação de mangue é conhecida por suas adaptações estruturais e funcionais únicas que lhe permite sobreviver nesse ambiente. Essas adaptações incluem:

• Raízes respiratórias expostas, denominadas pneumatóforos. Partes das raízes de algumas árvores apresentam geotropismo negativo, ou seja, projetam-se para fora da lama na qual há baixa concentração de oxigênio para a planta poder oxigenar suas porções subterrâneas. Essas estruturas funcionam como se fossem *snorkels* para respiração fora da água ou, nesse caso, fora do sedimento.
• Raízes-escora, denominadas rizóforos. Prolongamentos do caule das árvores mais parecidos com raízes ou candelabros invertidos, auxiliando no estabelecimento e na fixação das árvores em solo lamoso e pouco estável.
• Glândula de sal. Mecanismo para remover ativamente o sal da água do mar e que é absorvido pelas plantas, como aquele presente nas folhas que excretam sal em sua superfície.
• Estratégias reprodutivas únicas. Essas plantas têm a capacidade de produzir estruturas reprodutivas, conhecidas como propágulos, que são naturalmente flutuantes, possuem grande reserva de nutrientes e podem ser levadas pelas marés por grandes distâncias até encontrarem local apropriado para fixação e desenvolvimento.

No Brasil, ocorrem três gêneros de vegetação típica de mangue (*Rhizophora, Laguncularia* e *Avicennia*), com seis espécies: mangue-vermelho, mangue-verdadeiro ou sapateiro (*Rhizophora mangle*, *Rhizophora harrisonii* e *Rhizophora racemosa*); mangue-branco, mangue-manso ou tinteira (*Laguncularia racemosa*), e mangue-preto, siriba ou sereiba (*Avicennia schaueriana* e *Avicennia germinans*).[1] O nome comum de cada espécie pode variar de região para região. Espécies vegetais associadas aos manguezais também podem estar presentes e diversificar a paisagem, a exemplo do mangue-de-botão (*Conocarpus erectus*), da samambaia-do-mangue (*Acrostichum aureum*) e do capim-marinho (*Spartina alterniflora*).

Quanto à fauna dos manguezais, pode-se dizer que animais diferentes ocupam compartimentos distintos desse ecossistema. As copas das árvores são usadas pelas aves para fazerem seus ninhos, descansarem e espreitarem lá de cima os peixes que serão suas presas. O martim-pescador-grande (*Megaceryle torquata*) e o martim-pescador-pequeno (*Chloroceryle americana*) podem ser avistados na margem do manguezal aguardando pacientemente e mergulhando para capturar suas refeições. Os troncos do mangue são usados por moluscos para se fixarem, como a ostra-do-mangue (*Crassostrea brasiliana*), para se abrigarem, como os teredos perfuradores de troncos mortos (também conhecidos como turus, *Teredo* spp.), ou para aguardarem a maré baixar, como o aratu-vermelho (*Goniopsis cruentata*). Entre as raízes dos mangues, inúmeras galerias de caranguejos-uçá (*Ucides cordatus*) podem ser encontradas. Outras espécies são visitantes esporádicos e entram no manguezal com a maré alta, como os baiacus

[1] ICMBio, 2018. *Atlas dos Manguezais do Brasil*. Instituto Chico Mendes de Conservação da Biodiversidade. Brasília, 176 p.

(diversas espécies da família Tetraodontidae).[2] Nas margens dos manguezais, o peixe-boi-marinho (*Trichechus manatus*) e a tartaruga-verde (*Chelonia mydas*) buscam seus alimentos. Propágulos de mangue-preto fazem parte da dieta alimentar dessa tartaruga.[3]

Cada organismo componente do manguezal, seja uma planta típica de mangue ou associada, seja da fauna, instala-se em uma parte desse ecossistema, formando zonas ao longo da região entremarés, desde a porção mais próxima aos canais estuarinos até as áreas mais elevadas, que são inundadas pelo mar apenas em situações de maré extremas, chamadas de sizígia. Essa zonação é um aspecto muito característico do manguezal e leva à formação de feições bastante diferenciadas, mas que integram esse ecossistema de forma indissociada.

A feição denominada lavado é o trecho do manguezal mais próximo aos canais estuarinos e mais "lavado" pelas marés. Ela é constituída de bancos de lama ou areia que ficam expostos nas marés baixas nos quais se encontra a grama marinha (ou capim-marinho) do gênero *Spartina*. Essa vegetação rasteira entremeia áreas de lama e é relevante para promover a retenção de sedimento e evitar a erosão do manguezal, mas também fornece abrigo e alimento para inúmeras espécies marinhas e estuarinas, como o peixe-boi. É nesse trecho que garças-brancas-grandes (*Ardea alba*) e pequenas (*Egretta thula*), guarás-vermelhos (*Eudocimus ruber*), colhereiros (*Platalea ajaja*) e inúmeros caranguejos chama-marés (*Uca* spp.) aproveitam para se alimentar. Ao longo da costa onde há manguezal, o capim-marinho é um importante coadjuvante, contribuindo com a fixação e o estabelecimento dos propágulos de mangue. Já no sul do país, onde não há desenvolvimento de manguezal em função do clima frio, *Spartina* e outras espécies de plantas de porte herbáceo, como gramíneas e suculentas, adaptadas à variação de salinidade, ocorrem nas margens das baías, lagunas e estuários e formam as marismas, um ecossistema bastante produtivo e desenvolvido nas zonas temperadas e subtropicais. Nas altas latitudes, as marismas substituem os manguezais e oferecem serviços ecossistêmicos semelhantes como abrigo, proteção e alimento para a rica fauna de aves, peixes e crustáceos.

Na feição denominada floresta de mangue encontram-se as espécies arbóreas típicas, sobretudo o mangue-vermelho que, com sua estrutura característica de candelabros invertidos, equilibra-se nos trechos mais instáveis, marcados por microcanais e sedimento muito mole. É nessa feição que há maior diversidade da fauna, tanto da que usa o manguezal ao longo de grande parte do seu ciclo de vida, como daquela que visita o manguezal esporadicamente para se alimentar. Quando o sedimento está mais consolidado, mais distante da linha da água, surgem o mangue-preto e o mangue-branco. O mangue-de-botão e a samambaia-do-mangue podem instalar-se em trechos mais arenosos e com menor inundação das marés.

2 ICMBio, 2018. Op. cit.

3 Gama, L.R.; Domit, C.; Broadhurst, M.K.; Fuentes, M.M.P.B.; Millar, R. B. 2016. Green turtle *Chelonia mydas* foraging ecology at 25° S in the Western Atlantic: evidence to support a feeding model driven by intrinsic and extrinsic variability. *Mar. Ecol. Prog. Ser.*, 542:209–219.

A feição apicum (ou salgado) é a que menos recebe inundação das marés e onde o sedimento é arenoso, seco e com grande acúmulo de sal por causa da evaporação da água das raras marés que o banham. Nessa feição não há árvores, somente plantas rasteiras, como aquelas dos gêneros *Salicornia*, *Sesuvium* e *Sporobolus*. No apicum, caranguejos chama-maré (*Uca* spp.) pululam na areia enquanto os caranguejos-uçá (*Ucides cordatus*) e guaiamuns (*Cardisoma guanhumi*) também fazem suas tocas. À primeira vista, essa feição parece pouco importante ecologicamente, mas é rica em alimento e é fundamental para a dinâmica dos manguezais, em especial em cenários futuros de elevação do nível do mar. Entretanto, apesar dessa importância, o apicum tem sido muito ameaçado por seu uso para fazendas de carcinocultura (criação de camarão) e salinas.

Manguezais são especiais por prestarem inúmeros serviços ecossistêmicos, beneficiando populações humanas em todo o planeta. Eles oferecem comida e proteção para numerosas espécies de animais, muitas das quais passam ali uma fase do seu ciclo de vida. E vários desses animais são recursos pesqueiros importantes que geram emprego e proporcionam segurança alimentar para pessoas próximas ou mesmo distantes da zona costeira.[4] Pode-se dizer que manguezais abrigam, protegem e ofertam parte do alimento que chega às nossas mesas. Eles também reduzem os efeitos das mudanças climáticas, pois retiram o CO_2 da atmosfera e o armazenam em seus troncos, folhas, raízes e solo. É o chamado carbono azul. Além disso, protegem a zona costeira contra erosão e eventos extremos, como tempestades e tsunamis. São também áreas de recreação, onde turistas se divertem apreciando a paisagem e praticando a pesca amadora, atividade que movimenta os municípios costeiros com manguezais conservados. Pescadores amadores vão em busca do robalo, peixe bastante apreciado e que passa o início de sua vida protegido entre as raízes dos mangues.

[4] Unep. 2014. *The Importance of Mangroves to People: A Call to Action*. Van Bochove, J.; Sullivan, E.; Nakamura, T. (Orgs.). Cambridge: United Nations Environment Programme World Conservation Monitoring Centre, 128 p.

DISTRIBUIÇÃO DOS MANGUEZAIS NO MUNDO E NO BRASIL

Os manguezais ocorrem em regiões tropicais e subtropicais em duas grandes porções do planeta. Uma delas localiza-se entre os oceanos Índico e Pacífico, estendendo-se da costa leste da África, no oceano Índico, à Polinésia, na porção oeste do oceano Pacífico. A outra compreende as costas Atlântica e Pacífica das Américas e a costa Atlântica da África. Embora correntes oceânicas "carreguem" os propágulos flutuantes seguindo direções impostas pela rotação da Terra e diferenças de densidade das massas d'água, essas localidades pouco se conectam pois há uma série de barreiras à dispersão das plantas de mangue. Baixas temperaturas são fatores limitantes e continentes funcionam como barreiras físicas para as correntes oceânicas. Isso explica as diferenças na diversidade de espécies entre essas regiões. A região do Indo-Pacífico abriga cerca de 60 espécies vegetais de mangue típicas e associadas, sendo o local de origem das plantas de mangue no planeta. Na segunda região, que inclui os manguezais do Brasil, ocorrem entre três e 15 espécies de mangue. Mas essa menor diversidade não significa menor importância. Os benefícios dos manguezais para a humanidade são basicamente os mesmos, sejam florestas de mangue com três ou com 60 espécies vegetais.

Manguezais ocorrem nas regiões costeiras de 104 países. Como esse ecossistema não resiste em regiões frias, ele está ausente nas regiões temperadas e polares do planeta. A mais recente avaliação do *status* global das florestas de mangue, produzida por pesquisadores da China e dos Estados Unidos, contabilizou uma área total de manguezais de 145.068 km^2.[5,6] Esses dados destacam a Ásia, com 39%, Américas e Caribe com 30%, África com 19% e Oceania com 12% da área coberta por manguezais no planeta. Entre os países com maior área de florestas de mangue, a Indonésia vem à frente (28.631,43 km^2), seguida pelo Brasil (12.148,80 km^2) e pela Austrália (10.529,92 km^2). Esses valores revelam que o Brasil detém 8,4% de todos os manguezais do planeta.

No Brasil, o manguezal é um ecossistema associado ao bioma Mata Atlântica nas regiões Nordeste, Sudeste e Sul, fazendo parte de corredores ecológicos que integram os ambientes continentais e marinhos. Contudo, não são obrigatoriamente associados àquele bioma. Na região Norte, onde não há Mata Atlântica, a presença de manguezais é marcante. Na porção costeira da região Norte do país até o estado do Maranhão, que pertence à região Nordeste, encontra-se o maior cinturão contínuo de manguezais do mundo, com 7.424 km^2, representando cerca de 61% dos manguezais brasileiros.[7]

Os manguezais ocorrem na maior parte do litoral brasileiro, distribuindo-se do Oiapoque (04°09'N), no estado do Amapá, até Laguna (28°28'S), no estado de Santa Catarina. Ao longo dessa grande extensão da costa brasileira há visível variação na extensão das áreas ocupadas e no desenvolvimento estrutural das árvores de mangue, considerando, por exemplo, diferenças na altura e diâmetro do tronco das árvores e dominância de espécies vegetais. Dos 26 estados brasileiros,[8] 17 são costeiros e 16 têm manguezais.

Assim como as paisagens mudam ao longo da costa brasileira, os manguezais apresentam fisionomias distintas de norte a sul. Essas variações são resultado da interação das condições oceanográficas (correntes marinhas quentes e frias e regimes das marés, com diferentes amplitudes), geomorfológicas (desenhos e composições geológicas das costas), climáticas (temperaturas) e hidrológicas (presenças de

5 Jia, M.; Wang, Z.; Ma, J.; Ren, C.; Wang, K.; Zhao, C.; Wang, C.; Wang, Y., 2023. Mapping global distribution of mangrove forests at 10-m resolution. *Science Bulletin*, 68(12):1306–1316.

6 Para o cálculo dessa área, os pesquisadores usaram imagens do satélite Sentinel-2 de alta resolução com cada quadrícula da imagem ou pixel com 10 x 10 m. As estimativas anteriores usavam imagens do satélite Landsat de média resolução (30 x 30 m), com menor detalhamento e consequentemente menor precisão na informação.

7 Nascimento Jr., W.R.; Souza-Filho, P.W.M.; Proisy, C.; Lucas, R.M., Rosenqvist, A. 2013. Mapping changes in the largest continuous Amazonian mangrove belt using object-based classification of multisensor satellite imagery. *Estuarine, Coastal and Shelf Science*, 117:83–93.

8 Não considerando o Distrito Federal que, somando-se com os estados, configura as 27 unidades federativas do país.

rios com aportes de nutrientes e sedimento), que dão o tom e regem a diversidade de florestas de mangue em cada trecho. Pode-se dizer que os manguezais respondem aos fatores ambientais aos quais as diferentes regiões do litoral brasileiro estão expostas, elementos fundamentais para entendermos as variações das florestas de mangue ao longo da costa.

Nos extremos latitudinais, no Norte, encontram-se as seis espécies de mangue que ocorrem no Brasil e o maior desenvolvimento das árvores, que chegam até 40 m de altura. Já no limite sul de ocorrência, em Laguna, há apenas uma espécie de mangue (mangue-branco, *L. racemosa*), com árvores com menor desenvolvimento estrutural, definido por menores diâmetros do tronco e altura, não ultrapassando três metros. A ausência de manguezais ao sul de Laguna é resultado das baixas temperaturas do ar e da água do mar e condições climáticas e oceanográficas abaixo do tolerado para o desenvolvimento dessas espécies.[9]

A seguir serão apresentadas as características dos manguezais nas regiões Norte, Nordeste, Sudeste e Sul do Brasil e os fatores responsáveis por essas configurações.

Norte

Nesse trecho da costa brasileira encontramos as maiores árvores de mangue do país, com altura variando entre 20 e 40 m. São os manguezais amazônicos. Tudo é grande nessa região: muito sol, calor, variações de marés e lama. Os manguezais beneficiam-se desses fatores para se desenvolver. A zona costeira do Norte do país está submetida à influência da Corrente das Guianas, cujas águas quentes banham, no sentido leste–oeste, do Rio Grande do Norte, na região Nordeste, ao Amapá, na região Norte. Nesse segmento em que imenso é palavra de ordem, as hipermarés podem atingir mais de seis metros, e as macromarés, entre quatro e seis metros,[10] exercendo grande influência na salinidade em partes mais internas da costa e ampliando a conectividade dos ambientes terrestres com os marinhos. Nessa paisagem dominada por amplas planícies costeiras e grandes extensões de lama, os manguezais são os mais desenvolvidos e densos. O rio Amazonas carreia sedimento para a costa, alimentando a expansão das planícies costeiras. Nesse trecho do litoral localizado na região equatorial, o clima Tropical Úmido condiciona calor e muitas chuvas ao longo do ano. Os manguezais do Norte abrigam imensa diversidade e quantidade de fauna, como os teredos (*Teredo* spp.), caranguejos guaiamum (*Cardisoma guanhumi*), peixes tralhotos com quatro olhos (*Anableps anableps*) e aves como guarás-vermelhos.

[9] Alvares, C.A.; Stape, J.L.; Sentelhas, P.C.; Gonçalves, J.L.M.; Sparovek, G. 2013. Köppen's climate classification map for Brazil. *Meteorologische Zeitschrift*, 22(6):711–728.

[10] IBGE, 2011. *Atlas Geográfico das Zonas Costeiras e Oceânicas do Brasil*, 177 p.

[11] Meros do Brasil: https://www.merosdobrasil.org/

Nordeste

Nessa região, os manguezais se estendem do Maranhão à Bahia. A região é banhada por duas correntes caracteristicamente quentes: a das Guianas, como descrito acima, e a do Brasil. A Corrente do Brasil acompanha a costa brasileira em toda a sua face atlântica, do Rio Grande do Norte até o sul do país. A geomorfologia do Nordeste é marcada pela Formação Barreiras, com grandes falésias de sedimentos coloridos e poucas extensões de planícies costeiras, ao contrário do que se vê no Norte, não permitindo o desenvolvimento de manguezais muito extensos. As macromarés e mesomarés (entre dois e quatro metros de amplitude) dominam na costa nordestina, onde as árvores de mangue podem atingir entre 12 e 18 metros de altura. O São Francisco e o Parnaíba são seus maiores rios, mas há também diversos pequenos rios temporários que possibilitam o desenvolvimento de áreas de manguezal. No Piauí, que apresenta o menor trecho de costa do país, com apenas 66 quilômetros de extensão, o delta do rio Parnaíba destaca-se na paisagem, abrigando manguezais e sua fauna exuberante, incluindo grandes grupos de guarás-vermelhos. Na região Nordeste, há também o único manguezal em ilha oceânica, localizado na baía do Sueste em Fernando de Noronha, estado de Pernambuco, que conta com somente uma pequena mas importante floresta formada por mangue-branco. Os manguezais do Nordeste abrigam uma espécie de peixe muito especial, o mero (*Epinephelus itajara*), considerado criticamente ameaçado de extinção desde 2006.[11] Essa espécie reproduz-se nos manguezais e seus filhotes usam o ecossistema como local de abrigo e alimentação.

Sudeste

O Sudeste tem a Serra do Mar como protagonista na paisagem, que se estende do estado do Rio de Janeiro até o norte do estado do Rio Grande do Sul (aproximadamente a 29°40'S). A Serra do Mar por vezes está mais próxima à linha de costa onde pequenas praias cercadas por costões rochosos embelezam o local, reduzindo as possíveis áreas propícias para a formação dos manguezais. Mas quando ela se afasta, permite o surgimento de baías e estuários, onde amplas áreas de manguezal se desenvolvem. Nessa região mais populosa e economicamente desenvolvida do país, os manguezais sofrem as muitas consequências da falta de planejamento costeiro. Infelizmente, essas áreas também são locais de instalação de portos, a exemplo das baías de Vitória, no estado do Espírito Santo, e de Guanabara, no estado do Rio de Janeiro, e do estuário de Santos, no estado de São Paulo, que receberam os maiores portos do país, gerando impactos negativos nos manguezais com redução e fragmentação de suas florestas e poluição química e por resíduos sólidos. Em termos de dinâmica hidrológica, os rios Doce e Paraíba do Sul são os principais a desaguar nessa região da costa e as micromarés, que banham as áreas costeiras, têm variações máximas de 0,5 a 2 metros. As árvores de mangue podem atingir entre 10 e 16 metros de altura. No sul do estado de São Paulo (região Sudeste) e norte do estado do Paraná (região Sul), vale destacar o Lagamar. Essa região abriga extensa área de manguezais (46.392 ha ou 0,46 km^2) muito produtivos, instalados em canais lagunares chamados de mar de Cananeia e mar de Iguape, e nas baías de Guaraqueçaba, Paranaguá e Guaratuba. Um habitante curioso, o guaxinim ou mão-pelada (*Procyon cancrivorus*), desce das matas na Serra do Mar e entra no manguezal em busca de caranguejo, seu alimento preferido. Suas pegadas e restos de fezes cheios de fragmentos de carapaça de caranguejo podem ser vistos na lama do manguezal, quando a maré está baixa.

Sul

No Sul do país, a Corrente das Malvinas (ou Falklands), de águas frias, marca presença no cenário. Ela sobe o litoral da Argentina, do Uruguai e do sul do país, esfriando a zona costeira. Ambientes frios não são propícios para o desenvolvimento de árvores de mangue, como é o caso, no Brasil, do estado do Rio Grande do Sul, que não tem manguezais. O clima subtropical é dominante nessa região e com isso as árvores de mangue são menores, atingindo entre três e oito metros de altura. No limite sul de ocorrência de manguezais, há somente *L. racemosa* (mangue-branco).[12] No estado do Rio Grande do Sul, a Serra do Mar dá lugar a dunas, praias arenosas e lagunas costeiras na paisagem local. Se não fossem banhadas por águas tão frias, as lagoas dos Patos e Mirim seriam ambientes adequados para o desenvolvimento do ecossistema manguezal, pois são áreas abrigadas das ondas do mar.

GRANDEZA E BELEZA ENCONTRADAS NA LAMA

A grandiosidade dos manguezais brasileiros revela verdadeiros tesouros da natureza, exemplificando a resiliência e a adaptação das espécies diante de condições ambientais extremas. Entretanto, sua importância e seu simbolismo estão longe de ser elementos do cotidiano no Brasil. Por exemplo, poucos brasileiros e brasileiras sabem que fazemos parte dos primeiros da lista em termos de extensão desse ecossistema no planeta. Poucos sabem que esse é o único ecossistema possível de se desenvolver nas áreas estuarinas na nossa costa tropical e subtropical. Poucos estão cientes dos benefícios diretos e indiretos fornecidos e que auxiliam na manutenção da qualidade de vida das populações humanas. A falta de compreensão das características, da importância e das fragilidades dos manguezais brasileiros é um dos aspectos que contribui para o cenário de ameaças e de destruição que hoje testemunhamos.

[12] Soares, M.L.G.; Estrada, G.C.D.; Fernandez, V.; Tognella, M.M.P. 2012. Southern limit of the Western South Atlantic mangroves: Assessment of the potential effects of global warming from a biogeographical perspective. *Estuarine, Coastal and Shelf Science*, 101:44–53.

A margem dos manguezais — também conhecida como franja — é banhada frequentemente pelas marés. Em geral, árvores de grande porte de mangue-vermelho (*Rhizophora mangle*) dominam esse trecho da paisagem. Os rizóforos, em formato de candelabro invertido, auxiliam na sustentação das árvores próximas aos bancos de lama pouco consolidados.

The edge of the mangrove — also known as the fringe — is often flooded by the tides. In general, large red mangrove trees (*Rhizophora mangle*) dominate this stretch of the landscape. The rhizophores, in the shape of an inverted candelabra, help to support the trees near the soft mud banks.

Página à direita [on the opposite page]: Reserva Extrativista Marinha de Cururupu [Cururupu Marine Extrative Reserve], Maranhão

Essa falta de conhecimento gera precariedade na aplicação das proteções legais dos manguezais, tais como ocorreu com a tentativa de revogação das resoluções Conama (Conselho Nacional do Meio Ambiente) n°s. 302 e 303, em 2020, e a criação do chamado Novo Código Florestal (Lei nº. 12.651/2012, com alterações posteriores pela Lei nº. 12.727/2012). O Novo Código Florestal está em vigor, autorizando empreendimentos em apicuns, como a instalação de estruturas para aquicultura com espécie exótica de camarão, e abrindo brecha há anos para a redução de feições importantes dos manguezais. A revogação das resoluções Conama foi considerada inconstitucional, depois de grande mobilização de parte da sociedade, incluindo pesquisadores, grupos de ONGs, comunidades tradicionais e alguns técnicos de órgãos governamentais.

Fica claro como a informação e a educação fortalecem o cidadão e a sociedade de modo geral. A conservação dos manguezais depende dessa consciência e de nossa ação efetiva. Os manguezais saudáveis produzindo alimento, protegendo a costa e gerando oportunidades de lazer dependem de nós e nós dependemos dos manguezais. No momento em que essa relação estiver incorporada pela sociedade, teremos garantidos o bem-estar e a saúde da nossa população.

A presença de manguezais na paisagem costeira do estado do Amapá é categórica. São extensões de floresta a se perder de vista. Estuário, bancos de lama e florestas de mangue se conectam com o sobe e desce das marés.

The presence of mangroves in the coastal landscape of the state of Amapá is emphatic. They form forests that stretch as far as the eye can see. Estuary, mud banks and mangrove forests connect with the rise and fall of the tides.

Parque Nacional do Cabo Orange [Cape Orange National Park], Oiapoque [Oyapock], Amapá

Vistas aéreas de florestas de mangue são marcadas pela homogeneidade de textura e cor, revelando a baixa diversidade de espécies vegetais que as compõem. Canais de maré e microcanais recortam os manguezais e facilitam o fluxo hídrico das águas estuarinas, que transportam nutrientes e alimento para as áreas adjacentes.

Aerial views of mangrove forests are characterised by homogeneous texture and colour, revealing the low diversity of their plant species. Tidal channels and micro-channels cut through the mangroves and facilitate the flow of estuarine waters, which transport nutrients and food to the surrounding areas.

Próxima dupla de páginas [next double page spread]:
Reserva Extrativista Marinha de Tracuateua [Tracuateua Marine Extrative Reserve], Pará

Florestas de mangue formam muralhas verdes agindo como barreira, protegendo a costa de eventos extremos. São também grandes aliadas contra as alterações climáticas, sequestrando e armazenando carbono da atmosfera. Podem ser chamadas de florestas azuis, fazendo referência à proximidade e conexão com o oceano.

Mangrove forests form green walls that act as a barrier, protecting the coast against extreme events. They are also great allies against climate change, sequestering and storing carbon from the atmosphere. They are sometimes called blue forests, referring to their proximity and connection to the ocean.

Dupla de páginas anterior [Previous double page spread]: Reserva Extrativista Marinha de Cururupu [Cururupu Marine Extrative Reserve], Maranhão

A coloração das folhas das árvores de mangue pode dar indícios da espécie vegetal típica. Folhas verde-escuro indicam que se trata do mangue--vermelho (*Rhizophora* spp), enquanto folhas verde--claro sugerem ser do mangue-branco (*Laguncularia racemosa*) ou do mangue preto (*Avicennia* spp).

The colour of the mangrove tree leaves offers clues as to the typical plant species. Dark green leaves indicate the red mangrove (*Rhizophora* spp) while light green leaves suggest the white (*Laguncularia racemosa*) or black mangrove (*Avicennia* spp).

À esquerda [To the left]: Área de Proteção Ambiental do Delta do Parnaíba [Parnaíba Delta Environmental Protection Area], Maranhão

O sedimento lodoso é atribuído constantemente ao manguezal, mas plantas desse ecossistema também podem se desenvolver em sedimento arenoso, em regiões onde há menor contribuição de aporte de rios e, por consequência, menos sedimento em suspensão. Com isso, as águas que banham os manguezais são excepcionalmente límpidas.

The muddy sediment is constantly attributed to the mangrove ecosystem. But mangrove plants can also grow in sandy sediment, in areas where there is less input from rivers and, consequently, less suspended sediment. Consequently, the water that floods the mangroves is exceptionally clear.

Acima [Above]: Área de Proteção Ambiental das Ilhas de Tinharé e Boipeba [Tinharé and Boipeba Islands Environmental Protection Area], Cairu, Bahia

Propágulos têm a capacidade de boiar e de serem carregados pelas marés para áreas distintas de onde foram produzidos. Caso sejam liberadas da planta-mãe quando a maré está baixa, essas estruturas reprodutivas do mangue se fixam diretamente no sedimento (lodoso ou arenoso), desenvolvendo-se logo abaixo da árvore produtora.

Propagules can float and be carried by the tides to areas far from where they were generated. If they are released from the mother plant at low tide, these mangrove reproductive structures attach themselves directly to the (muddy or sandy) sediment, developing just below the producing tree.

Página à direita [Page to the right]: Área de Proteção Ambiental das Ilhas de Tinharé e Boipeba [Tinharé and Boipeba Islands Environmental Protection Area], Cairu, Bahia

O guará-vermelho (*Eudocimus ruber*) usa a copa das árvores de mangue para descanso, dormitório e nidificação. Os manguezais escolhidos como dormitório podem receber centenas dessas aves ao final do dia. Os topônimos de alguns municípios costeiros no país fazem referência a ela, como Guarapari (Espírito Santo), Guaratiba (Rio de Janeiro) e Guaraqueçaba (Paraná).

The *guará*, or scarlet ibis (*Eudocimus ruber*), uses the canopy of mangrove trees for resting, roosting and nesting. The mangroves chosen as roosts may host hundreds of these birds at the end of the day. The names of some Brazilian coastal towns refer to this, such as Guarapari (Espírito Santo), Guaratiba (Rio de Janeiro) and Guaraqueçaba (Paraná).

Próxima dupla de páginas [Next double page spread]: Reserva Extrativista Marinha da Baía do Iguape [Iguape Bay Marine Extrative Reserve], Maragogipe, Bahia

A conexão entre o manguezal e o mar fica muito evidente na foto à direita. Diferentemente de outras regiões do país, as águas transparentes desse manguezal na maré alta criam oportunidades para atividades de mergulho. São condições ideais para o estudo do comportamento de animais marinhos e para a obtenção de imagens subaquáticas para a divulgação científica e inspiração da sociedade.

The connection between the mangrove and the sea becomes quite clear in the photo to the right. Unlike other regions of the country, the clear waters of this mangrove forest at high tide create opportunities for diving activities. These are ideal conditions for studying the behavior of marine animals and for obtaining underwater images for scientific dissemination and inspiration for society.

Área de Proteção Ambiental das Ilhas de Tinharé e Boipeba [Tinharé and Boipeba Environmental Protection Area], Cairu, Bahia

A Área de Proteção Ambiental das ilhas de Tinharé e Boipeba, criada por decreto estadual em junho de 1992, tem 43.300 ha. Manguezais fazem parte da rica diversidade paisagística, assim como recifes, praias arenosas, estuários e ilhotas.

The Tinharé and Boipeba Environmental Protection Area, created by state decree in June 1992, covers 43,300 hectares. This richly diverse landscape features mangroves, as well as reefs, sandy beaches, estuaries and islets.

Próxima dupla de páginas [Next double page spread]: Ponta dos Castelhanos [Castelhanos Point], Área de Proteção Ambiental das Ilhas de Tinharé e Boipeba [Tinharé and Boipeba Islands Environmental Protection Area], Cairu, Bahia

A região de Guapimirim abriga os remanescentes de manguezais no recôncavo da baía de Guanabara. Por sua importância, foram criadas em 1984 e 2006, a Área de Proteção Ambiental de Guapi-Mirim e a Estação Ecológica da Guanabara, respectivamente. A proteção dos manguezais assegura a sobrevivência de pescadores tradicionais na região.

The Guapimirim region is home to mangrove remnants in the backwaters of the Guanabara Bay. Due to their importance, the Guapi-Mirim Environmental Protection Area and the Guanabara Ecological Station were created in 1984 and 2006, respectively. The protection of mangroves ensures the survival of traditional fishermen in the region.

Acima e à direita [Above and to the right]: Baía de Guanabara [Guanabara Bay], Guapimirim e [and] Magé, Rio de Janeiro

O Saco do Mamanguá é conhecido como um fiorde brasileiro, em função do recorte desse trecho da costa de Paraty, no estado do Rio de Janeiro, que se assemelha aos verdadeiros fiordes noruegueses. Mas a região também é valorizada pelos manguezais, que têm sido visitados por turistas com caiaques.

The Mamanguá Cove is known as the Brazilian Fjord, since this stretch of the Paraty coastline, in the state of Rio de Janeiro, resembles genuine Norwegian fjords. But the region is also valued for its mangroves, which tourists have been visiting in kayaks.

Rio Grande [Grande River], Saco do Mamanguá [Mamanguá Cove], Reserva Ecológica da Juatinga [Juatinga Ecological Station], Paraty, Rio de Janeiro

A fauna do manguezal está adaptada à vida influenciada pelo sobe e desce das marés. O caranguejo aratu-vermelho (*Goniopsis cruentata*) é um exemplo disso. Na maré baixa, essa espécie se desloca na lama do manguezal e, na maré alta, sobe nas árvores.

Mangrove fauna is adapted to life influenced by the rise and fall of the tides. The mangrove root crab (*Goniopsis cruentata*) is an example of this. At low tide, this species moves through the mud of the mangrove and at high tide it climbs trees.

Acima e na página ao lado [Above and page to the right]: Aratu-vermelho [Root crab] (*Goniopsis cruentata*), Rio Grande [Grande River], Saco do Mamanguá [Mamanguá Cove], Reserva Ecológica da Juatinga [Juatinga Ecological Reserve], Paraty, Rio de Janeiro

A desembocadura de rios que deságuam em estuários é colonizada por manguezais nas regiões tropicais e subtropicais do país. No Parque Estadual Ilha do Cardoso, o rio Pequerê apresenta grande dinâmica natural, com retirada e acúmulo de sedimentos ao longo do tempo.

The mouths of rivers that flow into estuaries are colonised by mangroves in Brazil's tropical and subtropical regions. In the Ilha do Cardoso State Park, the Pequerê River displays outstanding natural dynamics, with the removal and accumulation of sediment over time.

Página à direita [Page to the right]: Rio Perequê [Perequê River], Parque Estadual Ilha do Cardoso [Cardoso Island State Park], Cananéia, São Paulo

A evapotranspiração é a soma da evaporação da água no solo mais a transpiração das plantas, contribuindo com a quantidade de vapor de água na atmosfera. No Brasil, em torno de 75% da água volta à atmosfera pelo processo de evapotranspiração. Por ser uma área úmida, os manguezais têm papel determinante na manutenção do ciclo hidrológico.

Evapotranspiration is the sum of water evaporation from the soil plus plant transpiration, contributing to the amount of water vapour in the atmosphere. In Brazil, around 75% of the water returned to the atmosphere is done so through evapotranspiration. As a wetland, mangroves play a decisive role in maintaining the hydrological cycle.

Próxima dupla de páginas [next double page spread]: Baía Babitonga [Babitonga Bay], Joinville, Santa Catarina

A Serra do Mar na região Sudeste e no trecho norte da região Sul é elemento marcante na paisagem, assim como manguezais e estuários. A beleza cênica desse conjunto tem atraído muitos turistas e estimulado a economia local.

The Serra do Mar mountain range in the Southeast region and the northern tip of the South region is a striking feature of the landscape, as are mangroves and estuaries. The scenic beauty of this complex has attracted many tourists and stimulated the local economy.

Páginas [Pages] 86-87: Baía Babitonga [Babitonga Bay], Joinville, Santa Catarina

A Estação Ecológica Carijós, na Ilha de Santa Catarina, onde está a capital Florianópolis, foi criada em 1987 para proteger manguezais e restingas da pressão do crescimento das cidades, abrangendo uma área de 759,34 ha. Manguezais urbanos e periurbanos garantem os serviços ecossistêmicos essenciais para a manutenção da qualidade de vida das populações humanas.

The Carijós Ecological Station, on the island of Santa Catarina, where the capital Florianópolis is located, was created in 1987 to protect mangroves and restingas (sandy coastal plain vegetation) from the pressure of city growth, covering an area of 759.34 ha. Urban and peri-urban mangroves guarantee the ecosystem services that are essential for maintaining the quality of life of the local communities.

Estação Ecológica de Carijós [Carijós Ecological Station], Florianópolis, Santa Catarina

Saindo do sedimento para promover a troca gasosa, os pneumatóforos ocupam grande parte do solo onde há árvores de mangue-branco (*Laguncularia racemosa*) ou mangue-preto (*Avicennia* spp.).

Protruding from the sediment to promote gaseous exchange, pneumatophores occupy a large part of the terrain where white mangrove (*Laguncularia racemosa*) or black mangrove (*Avicennia* spp.) trees are found.

Estação Ecológica de Carijós [Carijós Ecological Station], Florianópolis, Santa Catarina

Os manguezais apresentam adaptações especiais para sobreviver em ambiente inóspito, com alta salinidade e pouco oxigênio no sedimento. Árvores de mangue desenvolveram, ao longo de sua evolução, certo grau de viviparidade de seus propágulos, processo no qual esses frutos germinam ainda presos à planta-mãe.

Mangroves display special adaptations for surviving in a harsh environment with high salinity and low oxygen sediment. Throughout their evolution, mangrove trees have developed a certain degree of viviparity in its propagules, a process whereby the fruit germinates while still attached to the mother plant.

Acima [Above]: Estação Ecológica de Carijós [Carijós Ecological Station], Florianópolis, Santa Catarina

A IMPORTÂNCIA AMBIENTAL E ECONÔMICA DOS MANGUEZAIS

Cláudia Câmara do Vale

Provavelmente, nenhum outro complexo vegetacional é tão intrigante quanto o ecossistema manguezal. As adaptações que suas espécies vegetais e animais apresentam, que lhes permitem dominar a paisagem do hostil ambiente das regiões intermarés tropicais,[1] são permeadas de singularidades que deixam atônito o observador. Impressionam os perfeitos mecanismos apresentados pelos mangues e que surgiram ao longo da evolução, como as respostas que exibem às interações entre as forças responsáveis pelo seu crescimento, desenvolvimento e regeneração. E não sem razão, pois viver sob a ação das marés e crescer e se fixar em solo geralmente fluido, sem oxigênio e com alto teor de salinidade, não é uma empreitada fácil.[2]

A importância ambiental, ecológica e econômica dos manguezais está relacionada às altas taxas de produtividade primária que os colocam entre os sistemas mais produtivos do planeta, cuja complexa cadeia alimentar, que se inicia nas folhas das árvores ainda presas à planta, sustenta uma variedade de formas de vida estuarinas, costeiras e marinhas, envolvendo um número extraordinário de espécies decompositoras, herbívoras e carnívoras. Essas contribuem significativamente para a fertilidade das águas estuarinas e costeiras, devido à exportação de grande quantidade de matéria orgânica dissolvida ou transformada em detritos, utilizadas como alimento por muitos organismos consumidores de elevado valor comercial.[3]

Além de ser um sistema altamente produtivo, que abriga e sustenta inúmeras cadeias alimentares, o manguezal é berçário de um grande número de espécies. Esse hábitat marinho também proporciona recursos e benefícios de forma gratuita à humanidade, como depuração da água,[4] regulação do clima[5] e proteção da linha de costa contra os processos erosivos e sistemas meteorológicos devastadores, como inundações causadas por ressacas e tsunamis.[6] Além disso, oferece diversos serviços culturais materiais e imateriais, como resultado da representação cênica da natureza. Mesmo assim, pôde ser visto, por muito tempo, como um ambiente fétido, desagradável e sem nenhuma utilidade. Esse é um grande paradoxo que a ciência e a sociedade estão buscando eliminar.

PROTEÇÃO AOS MANGUEZAIS NO ÂMBITO MUNDIAL

O Brasil já avançou muito na construção da legislação sobre a proteção dos manguezais e de outros ecossistemas, assinando também algumas convenções e tratados internacionais visando à proteção dos recursos naturais. A Convenção sobre as Zonas Úmidas de Importância Internacional, que enfatiza tais áreas como hábitat de aves aquáticas, mais conhecida como Convenção Ramsar, é um tratado do qual o Brasil é signatário desde 1993, e constitui um exemplo desse avanço, uma vez que

1 Em alguns pontos latitudinais subtropicais, os manguezais podem sobreviver, entretanto, com menor desenvolvimento estrutural dos bosques, em função dessas latitudes não apresentarem, sobretudo, as condições climáticas favoráveis ao seu completo desenvolvimento.

2 Vale, C.C. 1999. Contribuição ao estudo dos manguezais como indicadores biológicos das alterações geomórficas do estuário do rio São Mateus (ES). Dissertação de mestrado em Geografia. São Paulo: Universidade de São Paulo, 171p.

3 Yáñes-Arancibia, A. 1987. Lagunas costeras y estuários: cronologia, criterios y conceptos para uma classificação ecologica de sistemas costeros. In: *Simpósio de Ecossistemas da Costa Sul e Sudeste Brasileira. 2: Cananéia (SP). Síntese dos Conhecimentos*, vol. 3, pp. 1–38.

4 Os processos oceanográficos que ocorrem no manguezal, como remineralização da matéria orgânica e produção primária, retiram da água o excesso de nutrientes. Além disso, no sedimento do manguezal são estocados diversos poluentes derivados de atividades humanas (ex. metais pesados e derivados de petróleo) que se tornam indisponíveis para contaminar a biodiversidade e os recursos pesqueiros que consumimos.

5 Por sua grande capacidade de retirar gás carbônico da atmosfera e armazená-lo na estrutura das plantas (caule e raízes) e no sedimento, o manguezal contribui para a atenuação do efeito estufa.

6 Schaeffer-Novelli, Y.; Soriano Serra, E.J.& Vale, C.C. et al. 2016. Climate changes in mangrove forests and salt marshes. *Brazilian Journal of Oceanography*, 64(sp. 2):37–52.

os manguezais são considerados locais de parada para alimentação, reprodução e repouso de aves aquáticas.[7,8]

Já a Convenção sobre Diversidade Biológica (CDB)[9] é um dispositivo alinhado a três princípios básicos: a conservação da diversidade biológica, o uso sustentável da biodiversidade e a repartição justa e equitativa dos benefícios provenientes da utilização dos recursos genéticos. Refere-se à biodiversidade em três níveis: ecossistemas, espécies e recursos genéticos. Nesse contexto, o manguezal também se destaca devido a sua rica, mas vulnerável, diversidade e aos bens e serviços ofertados para a sociedade.

Apesar desses bens e serviços não serem completamente conhecidos pela sociedade, a partir do ano 2001, com a Avaliação Ecossistêmica do Milênio[10] (MEA, sigla em inglês), instituída pela Organização das Nações Unidas, a expressão "serviços ecossistêmicos" passou a ser utilizada, apresentando os benefícios fundamentais para a sociedade gerados pelos ecossistemas em termos de manutenção, recuperação ou melhoria das condições ambientais, refletindo diretamente na qualidade de vida e no bem-estar das pessoas.[11]

Além da MEA, surgiu também a Plataforma Intergovernamental sobre Biodiversidade e Serviços Ecossistêmicos, conhecida como IPBES (em inglês, Intergovernmental Platform on Biodiversity and Ecosystem Services), criada em abril de 2012 com o objetivo de informar os governos sobre o estado da biodiversidade, dos ecossistemas e dos serviços prestados, reforçando a interface da ciência com a política.

Atualmente está sendo posta em prática a Agenda 2030, aprovada em 2015 pela Assembleia Geral da Nações Unidas para o Desenvolvimento Sustentável, cujo objetivo 14, Vida na Água, visa "promover e conservar o uso sustentável dos oceanos, dos mares e dos recursos marinhos". Dessa forma, este capítulo foi escrito com o intuito de levar o conhecimento acerca dos manguezais, como recurso estuarino, marinho e oceânico, a toda a sociedade, constituindo um esforço na direção da salvaguarda dos recursos ainda existentes antes que seja ultrapassado o limiar, o irrecuperável.

Portanto, os serviços ecossistêmicos anteriormente citados são categorizados em quatro tipos: de suporte, de regulação, de provisão e culturais.

Serviços de suporte

São aqueles necessários para todos os outros serviços ecossistêmicos, incluindo a produção primária, a ciclagem de nutrientes, a formação dos solos e a manutenção da biodiversidade.

A produção primária líquida do manguezal refere-se à contribuição dos diferentes componentes autotróficos, excluindo as perdas referentes à respiração. No caso das espécies arbóreas, a produtividade líquida corresponde ao somatório da biomassa aérea e subterrânea (raízes).

7 O conceito de zona úmida contido na Convenção Ramsar é extremamente amplo, abrangendo rios, lagos, pântanos, charcos, turfeiras, marismas e áreas marinhas, incluindo os manguezais.

8 Instituto Brasileiro de Conservação da Biodiversidade. 2018. *Atlas dos manguezais do Brasil*. Brasília: Instituto Chico Mendes de Conservação da Biodiversidade, 176p.

9 A Convenção sobre Diversidade Biológica (CDB) foi estabelecida durante a Conferência das Nações Unidas sobre o Meio Ambiente e o Desenvolvimento, também chamada de ECO-92, realizada no Rio de Janeiro em 1992, tendo sido ratificada pelo Brasil por meio do decreto federal nº. 2.519, em 16 de março de 1998.

10 Iniciado em 2001, o Millennium Ecosystem Assessment (MEA) ou Avaliação Ecossistêmica do Milênio, reuniu, até 2005, centenas de especialistas que realizaram uma avaliação científica sobre as condições e as tendências dos ecossistemas mundiais e dos serviços por estes prestados. O relatório resultante dessa avaliação descreve como as ações humanas alteraram os ecossistemas ao longo dos últimos 50 anos e fornece as bases científicas para a definição de ações que permitam a conservação e uso sustentável dos serviços dos ecossistemas nos 50 anos seguintes.

11 Millenium Ecosystem Assessment (MEA). 2003. *Ecosystem and Human Well-Being: A Framework for Assessment*. Washington, D.C.: Island Press. Disponível em http://pdf.wri.org/ecosystems_human_wellbeing.pdf.

[12] Prada-Gamero, R.M.; Vidal-Torrado, P.; Ferreira, T.O. 2004. Mineralogia e físico-química dos solos de mangue do rio Iriri no canal de Bertioga (Santos, SP). *R. Bras. Ci. Solo*, 28:233–243.

Galhos, folhas, flores, frutos e restos de animais ao caírem no solo constituem a "serapilheira" que chega a representar cerca de um terço da produção primária de um bosque de mangues. No solo, podem sofrer remineralização por meio da decomposição, ali se acumular ou ainda ser exportada para as áreas adjacentes, sendo esta última uma das funções mais importantes dos manguezais.

A ciclagem de nutrientes constitui a trajetória de elementos essenciais dos ecossistemas, passando pelos componentes bióticos e abióticos, compreendendo a sucessão recorrente de eventos de absorção e incorporação dos nutrientes pelos seres vivos e sua decomposição e mineralização. A dinâmica pela qual passa a serapilheira depende, também, do tipo fisiográfico do bosque de mangue.

Os solos de mangue eram tidos anteriormente como "solos indiscriminados de mangue" ou sedimentos não consolidados de mangue. Entretanto, várias pesquisas comprovaram a existência da "pedogênese", ou seja, a gênese dos solos, desenvolvidos a partir de sedimentos marinhos e fluviais com presença de matéria orgânica que ocorrem em regiões de planície costeira sob a influência do mar. Em função da decomposição da serapilheira e da saturação pela água, tais solos podem ser de cor acinzentada, amarronzada ou preta.[12]

Cada manguezal é importante para a manutenção do fluxo gênico e para a recuperação de manguezais degradados. A supressão de um dado bosque ao longo da costa pode, por exemplo, impossibilitar a dispersão de plântulas e comprometer o fluxo gênico, contribuindo com a perda da biodiversidade local.

Serviços de regulação

Serviços que compreendem a regulação climática e microclimática, a prevenção da proliferação de doenças e a retenção de sedimentos entre as raízes das plantas dos mangues, propiciando água limpa e de qualidade, o estoque e a remoção de CO_2 atmosférico e a estabilidade de linha de costa, dentre outros.

Digno de ênfase é o papel geomorfológico exercido pelos manguezais onde quer que se desenvolvam, uma vez que retêm, entre seu complexo sistema radicular, os sedimentos continentais transportados pelos rios e pela chuva, por meio do escoamento superficial. Da mesma forma, os manguezais funcionam como "barreira", protegendo a linha de costa contra os processos erosivos das ondas, das marés, das correntes litorâneas, dos ventos e dos eventos meteorológicos extremos, resguardando os hábitats e uma população costeira em constante crescimento.

Os manguezais desempenham o papel de filtro biológico, purificando a água que se precipita sobre as regiões tropicais da Terra e é transportada pelos rios e pelo escoamento superficial em direção ao oceano. A água, na qualidade de serviço de regulação, merece destaque como um recurso básico à vida, bem como insumo para todas as atividades econômicas, sendo sua disponibilidade um serviço inerentemente dependente das funções de regulação e estabilidade do ciclo hidrológico. Como recurso abiótico e renovável, sua oferta constitui um serviço ecossistêmico altamente vulnerável aos impactos decorrentes do uso inadequado dos solos e dos corpos hídricos.

É importante ressaltar o serviço de regulação relacionado ao sequestro de CO_2 atmosférico, uma vez que as florestas de mangue da costa brasileira correspondem a 8,5% dos manguezais do mundo, com área aproximada de pouco mais de 12.000 km^2, detendo 8,5% dos estoques globais de carbono que são armazenados tanto na biomassa aérea quanto no solo.[13] O carbono sequestrado e armazenado no solo dos manguezais é 50 vezes maior do que aquele de outras florestas tropicais e temperadas. Dessa forma, do ponto de vista do aquecimento global, os manguezais desempenham uma função crucial na mitigação das mudanças climáticas devido a sua enorme capacidade de sequestrar carbono, sendo um sumidouro natural.[14]

As mudanças climáticas acontecem na Terra desde sua formação geológica, tendo o planeta passado por períodos naturalmente quentes (interglaciais) e frios (glaciais), intercalados. Entretanto, as que a Terra experimenta, especialmente desde a Revolução Industrial, iniciada no século XVIII, tem gerado transformações rápidas, sobretudo no que se refere ao aumento das temperaturas do ar, relacionadas ao lançamento dos gases do efeito estufa (GEE) e da queima de combustíveis fósseis.

O efeito estufa é um fenômeno natural que pode ser intensificado pela quantidade excessiva de gases e poluentes lançados na atmosfera de maneira descontrolada, de forma que eleva as temperaturas do planeta, bem como o nível do mar, pondo em risco o ecossistema manguezal e todos os seus serviços. Não apenas os manguezais estão sendo afetados pela mudança climática, mas toda a Terra e sua biodiversidade.

Os manguezais podem, em determinados ambientes geomórficos, migrar continente adentro, diante da elevação do nível do mar; mas também podem não encontrar ambientes colonizáveis, desaparecendo de lugares onde outrora vicejavam. Essa migração estará atrelada a vários fatores articulados, tais como o clima local, as correntes marinhas, a morfologia costeira, a descarga fluvial e a disponibilidade de propágulos.

13 Vale, C.C.; Schaeffer-Novelli, Y.; Cintrón-Molero, G. 2023. The Brazilian Coastal Landscape: A Narrative. In: Schaeffer-Noveli, Y; Abuchahla, G.M.O.; Cintrón-Molero, G. (Eds.). *Brazilian Mangroves and Salt Marshes*. 1ª. ed. Heidelberg: Springer, pp. 3–23.

14 Rovai, A.S.; Twilley, R.R.; Worthington, T.A.; Riul, P. 2022. Brazilian Mangroves: Blue Carbon Hotspots of National and Global Relevance to Natural Solutions. *Frontiers in Forests and Global Change*, 4:1–11.

Serviços de provisão

Os serviços de provisão (abastecimento) referem-se à oferta de alimentos, água doce, madeira para combustível, construção de casas e fabrico de barcos, remos e cercos fixos para a pesca, além de fibras e recursos genéticos.

Os manguezais são um dos ecossistemas mais produtivos do planeta. Estima-se que 3/4 das espécies de peixes marinhos de interesse comercial dependam diretamente dos manguezais para seu desenvolvimento em diferentes fases de crescimento, sendo, então, um dos serviços mais importantes.

Inúmeras pesquisas realizadas no Brasil atestam a existência de comunidades que sobreviviam e sobrevivem total ou parcialmente a partir dos recursos extraídos dos manguezais.[15] Essas populações, sejam os indígenas, os quilombolas ou povos tradicionais, como os caiçaras, existem ao longo de toda costa do Brasil e são abundantes as suas histórias de sobrevivência às custas dos manguezais, sobretudo da coleta do caranguejo-uçá (*Ucides cordatus*).

Na costa do Espírito Santo, em 1992, foi realizado um estudo sobre as comunidades pesqueiras e coletoras que viviam no entorno da baía de Vitória e que haviam aprendido o ofício da coleta do caranguejo-uçá com os indígenas que lá habitaram. Naquele ano, todo o caranguejo consumido nos municípios da então Grande Vitória[16] ainda era catado nos manguezais do entorno daquela baía e algumas comunidades contavam com a venda dos caranguejos para complementar sua renda, além de se alimentarem dos peixes e dos próprios caranguejos.[17]

Nessa mesma pesquisa foi investigada a importância da existência do turu ou teredo (*Neoteredo* spp.), molusco bivalve consumido frequentemente na região do Salgado, no Pará, onde a população atesta seu sabor inigualável. Apesar do aspecto não muito convidativo, atrai também os turistas, sendo um dos símbolos da culinária marajoara. Os teredos, moluscos bivalves pertencentes à família Teredinidae, fixam-se na madeira dos mangues que cai no solo e, à medida que crescem, constroem longas galerias revestidas de calcário.[18]

Em alguns lugares na costa brasileira, infelizmente, perdeu-se o hábito do consumo do turu, alimento riquíssimo em proteína, como é o caso das populações tradicionais da costa espírito-santense. Certos trabalhos relacionados ao *Neoteredo* spp. o tratam como espécie prejudicial à pesca, uma vez que é perfurador de madeira, podendo danificar os barcos dos pescadores.[19]

Outros moluscos bivalves que devem ser considerados como recurso alimentar e fonte de renda são as ostras do gênero *Crassostrea spp*. Fartamente encontradas ao longo da costa brasileira, crescem naturalmente fixadas aos rizóforos das árvores de *Rhizophora* spp. A Reserva Extrativista do Mandira, localizada no complexo

15 Os sambaquis são sítios arqueológicos constituídos por montes artificiais de conchas de moluscos construídos pelos antigos habitantes das planícies costeiras, podendo ter dezenas de metros de altura e algumas centenas de metros de diâmetro. Contêm, ainda, instrumentos líticos, ossadas humanas e fragmentos de cerâmica e ossos de outros animais.

16 A Grande Vitória compreendia os municípios de Vitória, Serra, Cariacica, Vila Velha e Viana. Neste último não ocorrem manguezais.

17 Vale, C.C. 1992. Homens e caranguejos: uma contribuição geográfica ao estudo dos manguezais da baía de Vitória (ES) como fonte de alimento. 1992. Monografia de bacharelado em Geografia. Vitória: Universidade Federal do Espírito Santo, 82p.

18 Aviz, D.; Mello, C.F.; Silva, P.F. 2009. Macrofauna associated with galleries of *Neoteredo reynei* (Bartsch, 1920) (Mollusca: Bivalvia) in *Rhizophora mangle* Linnaeus trunks during less rainy season in mangrove of São Caetano de Odivelas, Pará (North Coast of Brazil). *Bol. Mus. Para. Emilio Goeldi Cienc. Nat.* [online], 4(1):47–55.

19 Andrade, J. 1984. *Folclore na Região do Salgado, Pará: teredos na alimentação — profissões ribeirinhas*. 2ª ed. São Paulo: Escola de Folclore. 83p.

estuarino-lagunar de Cananeia, na costa do estado de São Paulo, apresentava em 2010 um dos maiores estoques naturais da "ostra do mangue", envolvendo vários núcleos familiares arraigados às tradições coletoras. Já no estado de Santa Catarina, as ostras são cultivadas em ambientes estuarinos de águas calmas, sendo uma atividade socioeconômica importante, uma vez que abastece o mercado consumidor da região Sul e Sudeste do Brasil e emprega parte da mão de obra da população que vive no entorno dos manguezais.[20]

Serviços culturais

Estes serviços se referem às crenças e relações espirituais e aos valores estéticos, de educação ambiental e desenvolvimento científico, bem como ao turismo proporcionado pelos manguezais ao redor do mundo e do Brasil. Constituem benefícios imateriais que os indivíduos adquirem, promovendo também mudanças do estado físico e mental das pessoas por estimular as conexões indispensáveis com a natureza, propiciando bem-estar e lazer.

As panelas de barro de Goiabeiras, em Vitória, por exemplo, confeccionadas há cerca de quatro séculos pelos indígenas Tupis-Guaranis, Una e Aratu, representam uma atividade que se mantém até hoje em função da transmissão do conhecimento passado para os colonos e escravos africanos, que se apropriaram do manejo do barro do Vale do Mulembá[21] e da casca do mangue-vermelho (*Rhizophora mangle*), utilizada para curtir as panelas e torná-las resistentes, uma vez que o tanino contido em sua casca é uma substância adstringente.

O ofício das Paneleiras de Goiabeiras constitui um bem imaterial desde 2002 e um Patrimônio Cultural do Brasil, concedido pelo Instituto do Patrimônio Histórico e Artístico Nacional (Iphan). Ademais, em 2010 recebeu o Certificado de Melhores Práticas, reconhecimento internacional conferido pela cidade de Dubai e pela Organização das Nações Unidas para os Assentamentos Humanos.

Um importante conjunto de serviços culturais ofertados pelos manguezais está relacionado ao ecoturismo, tipo de atividade ligado à natureza praticado em diversas partes do mundo. Ele representa um conjunto de princípios de turismo sustentável que utiliza os aspectos cênicos das paisagens naturais, como, por exemplo, os manguezais, que podem fornecer renda às comunidades locais. No Brasil, embora ainda não seja uma atividade amplamente reconhecida, tem sido cada vez mais relevante como atividade socioeconômica. O fato de os manguezais serem ainda utilizados para despejo de esgoto e lixo gera certa repulsa na sociedade, mas o ecoturismo é apontado em vários estudos como importante ferramenta para aproximar esse ecossistema das pessoas, gerando o vínculo essencial à sua manutenção e conservação.

[20] Henriques, M.B.; Casarini, L.M.; Pereira, O.M.; Machado, I. C. 2010. Estimativa da densidade do estoque da ostra de mangue, *Crassostrea* spp., na Reserva Extrativista do Mandira, Cananéia, SP, Brasil (25°S; 48°W). *Arq. Ciên. Mar*, 43(1):5–11.

[21] O Parque Natural Municipal Vale do Mulembá está localizado em uma região reservada para a comunidade do local, uma vez que é um dos poucos lugares onde se encontra o barro para confecção da panela, que constitui uma tradição capixaba.

Ocupando uma faixa estuarina, o bosque de mangue--branco ou *Laguncularia racemosa* (L.) C.F. Gaertn., 1807 compõe as Formações Pioneiras. A Reserva Extrativista Marinha da Baía do Iguape tem origem na embocadura do rio Paraguaçu, na Baía de Todos os Santos, e visa proteger os manguezais e os recursos aquáticos, assim como as populações tradicionais de pescadores que se utilizam também de barcos movidos a vela, resguardando a cultura local.

Occupying an estuarine area, the woodland of white mangrove or *Laguncularia racemosa* (L.) C.F. Gaertn., 1807 makes up the Pioneer Formations. The Baía do Iguape Marine Extractive Reserve originates at the mouth of the Paraguaçu River in Todos os Santos Bay and aims to protect mangroves and aquatic resources, as well as traditional fishing communities who also use sailing boats, safeguarding the local heritage.

Página à direita [Page to the right]: Reserva Extrativista Marinha da Baía do Iguape [Baía do Iguape Marine Extractive Reserve], Maragogipe, Bahia

Algumas unidades de conservação do Brasil são usadas para as atividades de turismo, recreação, pesquisa científica e educação ambiental. Um bom exemplo é o Parque Estadual do Coco, localizado no município de Fortaleza, no Ceará, criado definitivamente em 2017, após ensejar discussões entre a sociedade civil, os governos estadual e municipal e as organizações não governamentais. Essa iniciativa visa proteger e conservar os recursos naturais ali existentes, bem como recuperar as áreas do entorno, proporcionando o contato da população com os manguezais. São mais de dois quilômetros de trilhas educativas, áreas para piquenique, passeios de barco pelo rio Coco para observação da fauna e da flora.

Dentre os serviços culturais ofertados pelos manguezais pode ser mencionado o conjunto de representações místicas, lendárias e crenças que estão espalhadas por onde ocorrem. Em Maragogipe, na Bahia, há a lenda da Vovó do Mangue, uma anciã enrugada, trajando roupas esfarrapadas, que castiga e afugenta aqueles que queiram prejudicar o manguezal. Ela é presenteada com charuto, aguardente e alho pelos pescadores e catadores que querem sua proteção dentro do emaranhado bosque de mangue.[22]

Na crença afro-brasileira, Nanã Buruku é a deusa mais velha entre todos os orixás, tendo sido a primeira esposa de Oxalá. Essa orixá feminina oferece segurança e não aceita traição. É considerada a velha deusa da água, estando associada às pessoas idosas e à maternidade. Seu elemento principal é a lama, o lodo dos rios e dos mares, sendo por isso relacionada aos manguezais. Nas cerimônias de candomblé é conhecida como Vovó, Senhora da Morte e responsável pelos Portais de Entrada (reencarnação) e Saída (desencarne).

****

Como já evidenciado, os manguezais são não apenas importantes, mas também vulneráveis, sendo afetados por várias atividades humanas. Por isso tornam-se cada vez mais objeto de atenção do poder público e da comunidade científica internacional e nacional e, mais recentemente, da sociedade em geral. Conservando esse ambiente, protegeremos a biodiversidade, garantiremos a qualidade ambiental, realizaremos atividades econômicas compatíveis com a sua resiliência e, com isso, poderemos contar com todos os benefícios que os manguezais oferecem, imprescindíveis à humanidade.

[22] Souza, C.A.; Duarte, L.F.A.; João, M.C.A.; Pinheiro, M.A.A. 2018. Biodiversidade e conservação dos manguezais: importância bioecológica e econômica. In: Pinheiro, M.A.A. & Talamoni, A.C.B. (Org.). *Educação ambiental sobre manguezais*. São Vicente: Unesp, pp. 16–56.

Na Reserva Extrativista Marinha Mãe Grande de Curuçá, criada em 2002 e localizada na costa de "rias" ou "vales afogados" do Litoral Norte do Brasil, no Pará, várias famílias se utilizam dos recursos extraídos dos manguezais, adotando técnicas de pesca como a tarrafa, que consiste em um petrecho circular com pesos de chumbo para que, ao cair, alcance o fundo e aprisione o maior número de peixes e crustáceos possível. Essa prática exige muita técnica, pois a tarrafa deve se abrir totalmente no ar ao ser lançada.

In the Mãe Grande de Curuçá Marine Extractive Reserve, created in 2002 and located on the "rias" or "drowned valleys" stretch of Brazil's northern coast in Pará, several families make use of the resources extracted from the mangroves. They adopt fishing methods such as a cast net with lead weights so that it sinks to the bottom and traps as many fish and crustaceans as possible. This is a highly skilled practice, as the net has to open up completely in the air when it is released.

Comunidade de Pacamorema [The Pacamorema Community], Reserva Extrativista Marinha Mãe Grande de Curuça [Mãe Grande de Curuça Marine Extractive Reserve], Pará

O cerco fixo, também chamado de curral, é uma complexa estrutura de pesca, bastante eficiente e seletiva na captura de peixes dentro de canais, rios ou lagoas, e também muito utilizada pelas comunidades de pescadores dos estados do Rio de Janeiro, São Paulo e Paraná. Na imagem, observam-se as varas de madeira roliças e toscas fixadas fundo no sedimento. O pescador usa entre outras coisas, varas de bambu para auxiliar na retirada do pescado aprisionado.

The fish trap, also called a corral, is a complex fishing structure that is very efficient and selective in catching fish in canals, rivers or lagoons, and is also widely used by fishing communities in the states of Rio de Janeiro, São Paulo and Paraná. The image shows the round and rough wooden sticks fixed deep in the sediment. Among other things, the fisherman uses bamboo poles to help retrieve the trapped fish.

Pesca de curral na comunidade de Curuçazinho [Corral fishing in the Curuçazinho community], Reserva Extrativista Marinha Maracanã [Maracanã Marine Extractive Reserve], Pará

Nas reentrâncias do Litoral Norte do Brasil, na maior faixa de manguezais protegidos do mundo, estão situadas várias Reservas Extrativistas Marinhas, desempenhando importante papel social, sendo essenciais para garantir a biodiversidade, bem como a manutenção das zonas úmidas prioritárias para conservação. A Reserva Extrativista Marinha Maracanã abrange um território de 30.019 hectares, com ocupações esparsas.

Several Marine Extractive Reserves are located on the creeks of the northern coast of Brazil, in the world's most extensive strip of protected mangroves. They play an important social role and are essential for guaranteeing biodiversity and maintaining priority wetland areas for conservation. The Maracanã Marine Extractive Reserve covers a sparsely occupied territory of 30,019 hectares.

Próxima dupla de páginas [Next double page spread]:
Comunidade de Curuçazinho [Curuçazinho Community], Reserva Extrativista Marinha Maracanã [Maracanã Marine Extractive Reserve], Pará

As raízes da espécie *Rhizophora* sp. (mangue-vermelho) podem ocupar as franjas em contato direto com o mar ou com os rios. Ostras (*Crassostrea rhizophorae*) recobrem essas raízes e compõem um importante recurso que contribui para a segurança alimentar de comunidades tradicionais.

The roots of the species *Rhizophora* sp. (red mangrove) can occupy the shores in direct contact with the sea or rivers. Oysters (*Crassostrea rhizophorae*) cover these roots and make up an important resource that contributes to the food security of traditional communities.

Estação Ecológica de Carijós [Carijós Ecological Station], Florianópolis, Santa Catarina

A mariscagem na Reserva Extrativista Marinha da Baía do Iguape é uma atividade realizada tanto por homens quanto por mulheres, baseada em saberes constituídos pelos antepassados, os quais são perpetuados pela transmissão de tradições entre gerações.

Shellfish gathering in the Iguape Bay Marine Extractive Reserve is carried out by both men and women. This activity is based on ancestral knowledge, perpetuated by the intergenerational transmission of traditions.

Página à esquerda [Page to the left]: cultivo de ostras do mangue [Oyster farming] (*Crassostrea rhizophorae*), Reserva Extrativista Marinha da Baía do Iguape [Baía do Iguape Marine Extractive Reserve], Maragogipe, Bahia

O manguezal oferece alimentação diversificada e gratuita, tais como peixes, moluscos e crustáceos que são explorados com cuidado pelas populações tradicionais, pelos catadores e pescadores, promovendo um relacionamento sustentável entre o ser humano e a natureza.

The mangroves offer diverse and free food, such as fish, molluscs and crustaceans that are carefully explored by traditional communities, gatherers and fishermen, promoting a sustainable relationship between humans and nature.

Acima [Above]: Marisqueira [Shell collector], Reserva Extrativista Marinha da Baía do Iguape [Baía do Iguape Marine Extractive Reserve], Maragogipe, Bahia

Na Reserva Extrativista Marinha de Iguape, a pesca é majoritariamente realizada em embarcações rústicas, de madeira, e pode ser definida como pesca de subsistência, ou seja, aquela em que o pescador não destina o resultado da labuta à comercialização, fortalecendo sua relação de pertencimento ao lugar.

In the Iguape Marine Extractive Reserve, most fishing is done from rustic wooden boats and can be defined as subsistence fishing, that is, the fisherman does not commercialise the results of his labour, thus strengthening his sense of belonging to the place.

Página à esquerda [Page to the left]: Reserva Extrativista Marinha da Baía do Iguape [Baía do Iguape Marine Extractive Reserve], Maragogipe, Bahia

As mulheres lutam não só por condições justas de direitos relacionados à promoção do seu bem-estar, mas, sobretudo, por aqueles voltados à sua condição de agentes ativas de transformações sociais. Embora a gestão da pesca na Reserva Extrativista de Canavieiras seja realizada pelo gênero masculino, a mulher sempre exerceu papel importante, tanto na cadeia produtiva pós-captura quanto no tratamento do pescado para a venda.

Women are fighting not only for fair conditions and rights to promote their well-being, but above all for those related to their status as active agents of social change. Although fishing in the Canavieiras Extractive Reserve is managed by men, women have always played an important role, both in the post-catch production chain and in processing the fish for sale.

À direita [To the right]: Marisqueira [Shell fish collector], Reserva Extrativista Marinha de Canavieiras [Canavieiras Marine Extractive Reserve], Bahia

Ao longo do litoral brasileiro, é comum encontrarmos figuras humanas típicas que a natureza moldou de acordo com as atividades que desempenham em seu meio, e o tempo encarregou-se de fixá-las para sempre em nossas memórias. São homens e mulheres que conhecem verdadeiramente os mais diferentes caprichos da natureza e dela retiram alimento, abrigo, meios de transporte e utensílios, em um dos mais belos processos de interação de ser humano com a Mãe Terra. A captura do caranguejo-uçá (*Ucides cordatus* L.) — um rico mantimento encontrado apenas nos manguezais — exige muita técnica e é realizada pelos caranguejeiros.

Along the Brazilian coast, it is common to find typical human figures that nature has moulded according to the activities they develop in their environment, which time has cemented forever in our memories. These are men and women who truly know the most diverse whims of nature and draw food, shelter, means of transport and utensils from it, in one of the most beautiful processes of human interaction with Mother Earth. Catching the swamp ghost crab (*Ucides cordatus* L.) — a nutritious food found only in mangroves — requires a high degree of skill on the part of the crabbers.

Caranguejeiro [Crabber], Reserva Extrativista Marinha de Caeté-Taperaçu [Caeté-Taperaçu Marine Extractive Reserve], Bragança, Pará

Os manguezais demonstram estreita relação com o ambiente morfológico que ocupam, definindo, dessa forma, seu hábitat. As espécies vegetais que os compõem são influenciadas por gradientes ambientais, que se manifestam, direta ou indiretamente, nas formas de relevo e nos processos físicos que atuam no seu desenvolvimento. Indivíduos de *Rhizophora mangle* L. são observados fixando-se em sedimentos pouco consolidados nos manguezais de São João da Ponta.

Mangroves are closely related to the morphological environment they occupy, thus defining their habitat. The plant species that form mangroves are influenced by environmental gradients, which are manifested directly or indirectly in the landforms and physical processes that affect their development. Individuals of *Rhizophora mangle* L. are observed settling in poorly consolidated sediments in the mangroves of São João da Ponta, Pará.

Reserva Extrativista Marinha de São João da Ponta [São João da Ponta Marine Extractive Reserve], Pará

O caranguejo-uçá (*Ucides cordatus* L.) é um importante recurso econômico e de subsistência distribuído ao longo de todo o litoral brasileiro, explorado pelas comunidades tradicionais. A "andada" faz parte do ciclo reprodutivo do caranguejo, quando machos e fêmeas saem de suas galerias ou tocas e andam pelo manguezal para acasalamento e liberação de ovos. Nesse momento, eles ficam muito vulneráveis e dispositivos legais são utilizados para proibir sua coleta.

The swamp ghost crab (*Ucides cordatus* L.) is an important economic and subsistence resource distributed along the entire Brazilian coast, and explored by traditional communities. The "walking" period is part of the crab's breeding cycle, when males and females leave their galleries or burrows and walk through the mangroves to mate and release their eggs. They are very vulnerable at this time, and legal devices are used to prohibit their collection.

Praia de Guaratuba [Guaratuba Beach], Bertioga, São Paulo

As zonas costeiras, densamente ocupadas, colocam em risco distintas aves migratórias que utilizam os manguezais como área de descanso e alimentação. A garça-moura ou maguari (*Ardea cocoi* Leach, 1820, à direita), a maior das garças do Brasil, ocorre nos manguezais de todo o país, e se alimenta de crustáceos, peixes, moluscos e pequenos répteis.

Densely occupied coastal areas jeopardise many migratory birds that use the mangroves as a resting and feeding area. The cocoi heron (*Ardea cocoi* Leach, 1820, right), the largest of Brazil's herons, occurs in mangroves throughout the country and feeds on crustaceans, fish, molluscs and small reptiles.

O guará ou guará-vermelho (*Eudocimus ruber* L., na página à direita, no alto) — de exuberante beleza — é encontrado em regiões costeiras abrigadas pelos manguezais da América do Sul. O declínio da espécie deveu-se ao comércio de sua plumagem vermelha única.

The remarkably beautiful guará or scarlet ibis (*Eudocimus ruber* L., top right) is found in coastal regions sheltered by the mangroves of South America. The species' decline was due to the trade in its unique red plumage.

Baía Babitonga [Babitonga Bay], Santa Catarina

O jacaré-de-papo-amarelo (*Caiman latirostris* Daudin, 1801, abaixo) é amplamente distribuído pelo sudeste da América do Sul, ocorrendo também em ecossistemas costeiros como os manguezais. Recebe esse nome popular pois, no período de acasalamento, costuma ficar com o papo amarelado.

The broad-snouted caiman (*Caiman latirostris* Daudin, 1801) is widely distributed in the south-east of South America, also occurring in coastal ecosystems such as mangroves. During the mating season, their underside usually turns yellow, which explains their name in Portuguese, *jacaré-de-papo-amarelo*, meaning "yellow-bellied caiman".

Considerada o maior roedor do mundo, a capivara (*Hydrochaerus hydrochaeris* L., página à direita, embaixo) também encontra refúgio nos manguezais do Brasil. Todavia, em função da caça e da fragmentação dos hábitats por pressão do crescimento urbano nas zonas costeiras, sua ocorrência vem diminuindo.

Considered the largest rodent in the world, the capybara (*Hydrochaerus hydrochaeris* L.) also finds refuge in Brazil's mangroves. However, as a result of hunting and the fragmentation of their habitats driven by urban growth in coastal areas, these animals are becoming rarer.

Estação Ecológica de Carijós [Carijós Ecological Station], Florianópolis, Santa Catarina

Os manguezais abrigam várias espécies de aves, dentre elas a cosmopolita garça-branca-grande (*Ardea alba* L.), que utiliza o ecossistema para alimentação, reprodução e descanso. Essas garças vivem em grupos e podem realizar migrações curtas ou continentais. São vistas frequentemente utilizando as raízes da *Rhizophora mangle* L. como pouso.

Mangroves are home to several species of birds, including the cosmopolitan great egret (*Ardea alba* L.), which uses the ecosystem for feeding, breeding and resting. These egrets live in groups and can make short or continental migrations. They are often seen using the roots of *Rhizophora mangle* L. to land on.

Dupla de páginas anterior [Previous double page spread]: Garças-brancas (*Ardea alba*) [White herons], Reserva Extrativista Marinha de Tracuateua [Tracuateua Marine Extrative Reserve], Pará

Os manguezais da Reserva Extrativista Marinha Maracanã, no estado do Pará, situam-se no encontro do oceano Atlântico com o estuário de macromarés, na pequena ilha de Algodoal, que também constitui a Área de Proteção Ambiental Algodoal-Maiandeua, cujo objetivo é assegurar a biodiversidade que depende da conservação dos ecossistemas.

The mangroves of the Maracanã Marine Extractive Reserve, in the state of Pará, are located where the Atlantic Ocean meets the macrotidal estuary, on the small island of Algodoal, which also constitutes the Algodoal-Maiandeua Environmental Protection Area, whose objective is to ensure the biodiversity that depends on the conservation of the ecosystems.

À direita [To the right]: Área de Proteção Ambiental [Algodoal-Maiandeua Environmental Protection Area], Maracanã, Pará

Esses manguezais que bordejam a Floresta Amazônica realizam a função de resguardar as áreas continentais, assim como a de fornecer alimento, representada na imagem pelo solitário pescador em sua canoa.

These mangroves that border the Amazon rainforest fulfil the function of safeguarding the continental areas, as well as providing food, as represented in the image by the lone fisherman in his canoe.

Dupla de páginas anterior [Previous double page spread]: Reserva Extrativista Marinha de São João da Ponta [São João da Ponta Marine Extrative Reserve], Pará

A pesca de cerco fixo é realizada nos manguezais de Guapimirim, que se avizinham das extraordinárias encostas formadas pela Serra do Mar, conjunto montanhoso mais destacado do litoral do Brasil. Estima-se que cerca de 15 mil famílias no estado dependam direta ou indiretamente da pesca artesanal nessa região.

Fishing in corrals takes place in the mangroves of Guapimirim, set against the backdrop of the extraordinary slopes formed by the Serra do Mar, the most prominent mountain range on the Brazilian coast. It is estimated that around 15,000 families in the state depend directly or indirectly on artisanal fishing in this region.

À esquerda [To the left]: Guapimirim e [and] Magé, baía de Guanabara

As panelas de barro de Goiabeiras são confeccionadas pelos artesãos de Vitória, no estado do Espírito Santo, que utilizam material encontrado nos depósitos pleistocênicos intralagunares da planície costeira. O Instituto do Patrimônio Histórico e Artístico Nacional (Iphan) inaugurou o *Livro de Registro dos Saberes*, reconhecendo a Panela de Barro como um bem imaterial do Brasil.

The clay pots of Goiabeiras are made by artisans from Vitória, in the state of Espírito Santo, who use material found in the Pleistocene intra-lagoon deposits of the coastal plain. The National Historical and Artistic Heritage Institute (IPHAN) inaugurated the *Livro de Registro dos Saberes* [Log Book of Learnings], recognising the Clay Pot as an intangible national asset.

Abaixo e à direita [below and to the right]: Produção de panelas de barro em [Production of clay pots in] Goiabeiras (ES). Fotos [Photos]: Gabriel Lordello/ Mosaico Imagem e [and] Bruno Coelho/Mosaico Imagem

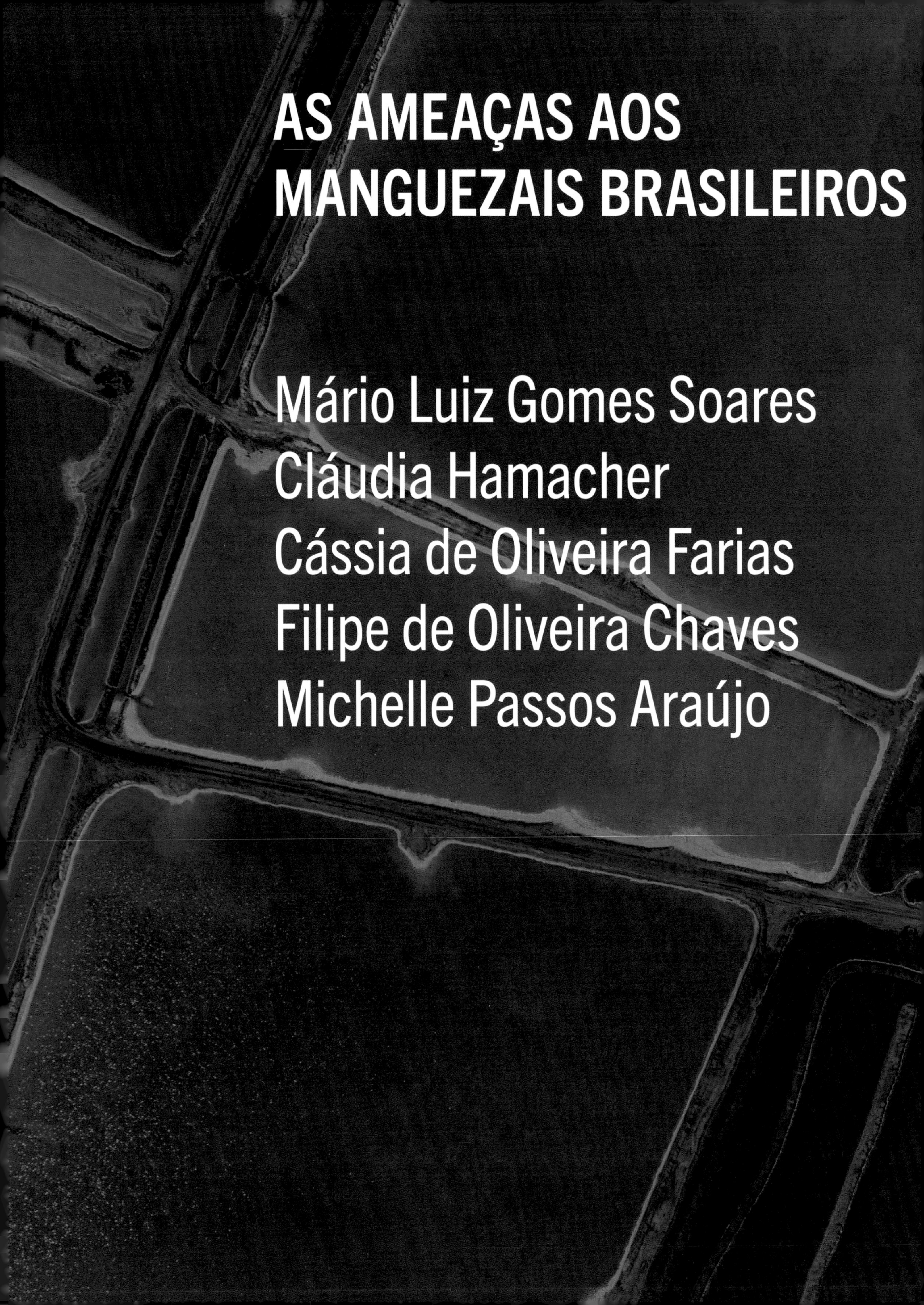

AS AMEAÇAS AOS MANGUEZAIS BRASILEIROS

Mário Luiz Gomes Soares
Cláudia Hamacher
Cássia de Oliveira Farias
Filipe de Oliveira Chaves
Michelle Passos Araújo

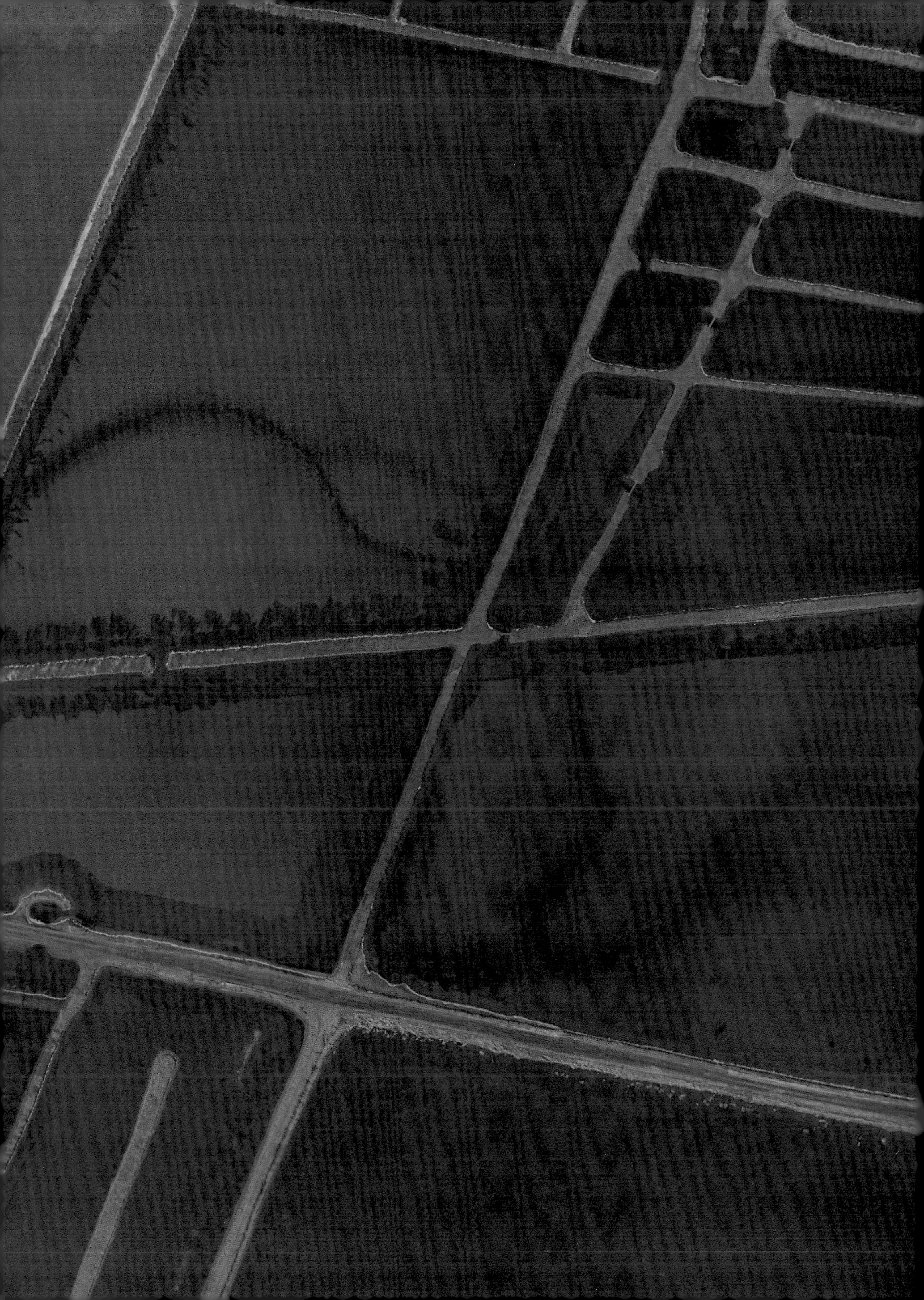

O FUNCIONAMENTO DOS MANGUEZAIS E SEUS TENSORES

No Brasil, conforme descrito anteriormente, os manguezais encontram-se distribuídos em uma vasta região costeira, desde Laguna, no estado de Santa Catarina, até o Oiapoque, na fronteira com a Guiana Francesa, no estado do Amapá. Por conseguinte, além de submetidos a diferentes condições ambientais (oceanográficas, geomorfológicas, climáticas e hidrológicas), os manguezais brasileiros estão sujeitos a realidades sociais, culturais, econômicas e políticas distintas, de maneira que as atividades que levam à sua degradação podem variar entre localidades ou regiões.

Além das fontes de pressão e de degradação dos manguezais variarem espacialmente, deve-se considerar que cada tipo de impacto pode afetar os manguezais de formas distintas. Portanto, o primeiro desafio ao entendimento de como os manguezais são impactados pelas diversas atividades humanas é o conhecimento da organização do ecossistema, de sua estrutura e de como ele funciona em seu estado natural e conservado. Assim, para entendermos como os manguezais podem ser afetados pelos mais diversos agentes de pressão ou degradação, definidos como tensores,[1] precisamos conhecer alguns aspectos básicos: (i) a estrutura, a dinâmica e o funcionamento do ecossistema manguezal; (ii) a forma como o tensor age sobre o manguezal; (iii) as características do tensor sob análise.

Primeiramente, necessita-se compreender como o ecossistema manguezal, em estado natural e conservado, estrutura-se. Para tanto, lançaremos mão do modelo de "assinatura energética",[2] segundo o qual o manguezal tem sua organização e seu funcionamento controlados por forçantes[3] como energia solar, aporte de água doce e de nutrientes e força das marés que, combinados em diversas intensidades, controlarão os seus atributos. Assim, manguezais submetidos a grande aporte de água doce, oferta elevada e constante de energia solar, grandes amplitudes de marés e alta disponibilidade de nutrientes tendem a alcançar maior desenvolvimento estrutural. Esse fato explica o porquê de as florestas de mangue brasileiras serem mais desenvolvidas na costa equatorial, região que abrange os estados do Maranhão, Pará e Amapá.

Ainda segundo o modelo de assinatura energética, o desenvolvimento das florestas de mangue — representado pela sua biomassa ou pela altura das árvores — é o resultado da energia assimilada por meio da fotossíntese menos a parte da energia gasta na manutenção da estrutura da floresta, que corresponde à energia perdida de forma natural pelo sistema. Quanto mais rigorosas as condições ambientais, maior é a parcela da energia assimilada pelo manguezal que deverá ser utilizada para que o ecossistema consiga se manter e menos energia sobrará para o desenvolvimento da

1 Adotamos aqui o termo "tensor" para definir qualquer agente que induza ou provoque "estresse" sobre o ecossistema. Essa influência pode se manifestar sob diferentes formas e intensidades, causando desde perda de energia ou aumento no gasto de energia do ecossistema, restringindo seu desenvolvimento e produtividade, até sua desorganização ou desestruturação. Os "tensores" podem ser de origem natural ou antrópica.

2 Para maior detalhamento acerca do conceito de "assinatura energética", indicamos os estudos de Lugo, A.E. & Snedaker, S.C. 1974. The Ecology of Mangroves. *Annual Review of Ecology and Systematics*, 5:39–64; Cintron, G.; Lugo, A.E.; Martinez, R. 1985. Structural and Functional Properties of Mangrove Forests. In: D'Arcy, W.G. & Correa, M.D.A. (Orgs.). *The Botany and Natural History of Panama*. Missouri Botanical Garden: Saint Louis, pp. 53–66; Lugo, A.E; Brown, S.; Brinson, M.M. 1990. Concepts in Wetland Ecology. In: Lugo, A.E.; M. Brinson; S. Brown. (Orgs.). *Forested Wetlands. Ecosystems of the World*. Amsterdam: Elsevier, 527p.; Schaeffer-Novelli, Y.; Cintron-Molero, G.; Adaime, R.R.; Camargo, T.M. 1990. Variability of Mangrove Ecosystems Along the Brazilian Coast. *Estuaries*, 13(2):204–218; Twilley, R.R. 1995. Properties of Mangrove Ecosystems Related to the Energy Signature of Coastal Environments. In: Hall, C. (Org.). *Maximum Power: The Ideas and Applications of HT Odum*. Boulder: University of Colorado Press, pp. 43–61.

3 O termo "forçante" é comumente utilizado como tradução do termo em inglês "driver" e refere-se àquelas variáveis ou fatores que são indutores ou controladores

floresta. Por essa razão, manguezais localizados, por exemplo, em áreas hipersalinas, têm menor desenvolvimento, pois precisam despender, em comparação aos manguezais submetidos a menor salinidade, uma parte maior da energia assimilada para separar o sal da água para que as plantas obtenham a água doce de que precisam para sobreviver.

Após entendermos como as florestas de mangue se estruturam e são controladas naturalmente pelas forçantes ambientais, podemos avançar para compreendermos como os tensores agem de forma diferenciada sobre o manguezal. Nesse sentido, pode-se dividir o ecossistema em alguns compartimentos básicos: (i) as forçantes apresentadas no modelo de assinatura energética; (ii) os produtores primários, representados principalmente pelas árvores de mangue; (iii) os consumidores (herbívoros e carnívoros); (iv) os reservatórios de água, nutrientes, sedimentos, sais e biomassa, além da característica que reflete a complexidade do ecossistema.

Com base nessa compartimentação, os tensores podem ser divididos em cinco grupos, conforme o ponto do ecossistema em que atuam,[4] a saber:

• Grupo 1 . atuam sobre as fontes de energia (ex. canalizações, bloqueio da inundação por estradas);

• Grupo 2 . atuam no fluxo da energia para o ecossistema (ex. alteração parcial do regime de inundações);

• Grupo 3 . atuam alterando a cobertura vegetal (ex. pragas de herbívoros, como lagartas);

• Grupo 4 . atuam alterando os reservatórios de diferentes elementos (água, nutrientes, sedimentos e sais) ou removem parte da biomassa (ex. desmatamento, queimadas);

• Grupo 5 . afetam o metabolismo do sistema, aumentando as perdas energéticas (ex. poluição química e térmica).

Dessa forma, os tensores mais prejudiciais ao sistema seriam aqueles dos grupos 1 e 2, pois alteram componentes básicas para a estruturação e o funcionamento do ecossistema. Já os danos causados pelos tensores dos grupos 3 e 4, por mais que tenham um impacto profundo na estrutura e complexidade do sistema, são de mais fácil reversão, pois não são crônicos e não produzem alteração profunda na base física e nas condições ecológicas do ecossistema (topografia e hidrologia, por exemplo). Por fim, os tensores do grupo 5, apesar de não terem a severidade daqueles dos grupos 1 e 2, podem provocar alterações profundas e duradouras no ecossistema, caso relacionados a fontes crônicas ou persistentes. Portanto, pode-se constatar que todos os tensores representam drenos adicionais de energia, que se somam aos gastos energéticos do sistema em estado natural ou conservado.

de algum processo. Aqui utilizamos esse termo para definir os principais fatores ou variáveis que determinam o desenvolvimento das florestas de mangue.

4 Para maior detalhamento acerca desse modelo sugerimos a leitura do estudo de Lugo, A.E. 1978. Stress and Ecosystems. In: Thorp, J.H.; Gibbons, J.W. (Orgs.). *Energy and Environmental Stress in Aquactic Ecosystems*. National Technical Information Service: Springfield, USDOE Symposium Series Conf. n°. 771114, pp. 62–101.

O terceiro aspecto que se deve considerar para o entendimento de como os manguezais podem ser afetados por agentes de pressão ou degradação diz respeito às características do agente ou tensor sob análise, tais como: (i) tipo do impacto (crônico ou agudo); (ii) intensidade de atuação do tensor; (iii) frequência e recorrência de atuação do tensor; (iv) persistência de atuação do tensor; (v) condição ou saúde do manguezal atingido pelo tensor; e (vi) atuação simultânea de diversos tensores.

Os manguezais são afetados direta e indiretamente por diversas atividades humanas que têm lugar na zona costeira, as quais podem ser divididas em três categorias: (i) urbanização — desmatamento, aterros, lançamento de esgotos domésticos, lixo, construção de marinas e condomínios de luxo; (ii) atividades econômicas — cadeia produtiva de petróleo e gás, criação de camarão marinho (carcinicultura), indústrias, agropecuária, salinas e pesca predatória; (iii) intervenções de infraestrutura — portos e terminais marítimos, termoelétricas e linhas de transmissão, dragagens e alteração de cursos de água, represas e barragens, rodovias e aeroportos.

Buscando ilustrar os aspectos mencionados acima, alguns agentes importantes de degradação dos manguezais brasileiros e seus efeitos serão exemplificados a seguir.

Expansão urbano-industrial

Historicamente, a expansão urbana tem sido um dos principais agentes de degradação e perda de áreas de manguezal no Brasil. A ocupação do território brasileiro tem fortes reflexos sobre a conservação dos manguezais, pois caracteriza-se por uma maior densidade populacional ao longo da zona costeira, como atestam os censos realizados pelo Instituto Brasileiro de Geografia e Estatística (IBGE).[5] As regiões metropolitanas do Rio de Janeiro, Recife e Vitória são exemplos de centros urbanos que cresceram sobre áreas de manguezais e outras áreas alagadas, como brejos, matas paludosas e lagoas. Estima-se, por exemplo, que desde o período colonial a baía de Guanabara, associada à maior região metropolitana do litoral brasileiro, tenha perdido cerca de 64% da área originalmente coberta por manguezais.

Analisando a evolução das áreas alteradas pela ação humana nos municípios costeiros do Brasil,[6] além da forte consolidação do processo de antropização em alguns estados do Sul, Sudeste e Nordeste, com valores que podem superar 70% de alteração da área total, nota-se uma tendência de avanço da ação humana em direção aos estados do Norte, onde se localizam as maiores e mais conservadas áreas de manguezais do país. Os níveis de antropização da zona costeira são progressivamente menores do Rio Grande do Norte (39%) e Ceará (28%) em direção ao Maranhão (10%), Pará (7%) e Amapá (1%), o que comprova a existência de importantes áreas ainda não

[5] Para informações sobre a distribuição e densidade demográfica da população brasileira, sugerimos consulta ao *Atlas Nacional Digital do Brasil*, produzido pelo IBGE e disponível em https://www.ibge.gov.br/apps/atlas_nacional/#/home.

[6] Análise realizada com base nos dados disponíveis na plataforma MapBiomas (https://mapbiomas.org/).

alteradas na costa compreendida entre o limite da Região Nordeste com a Norte (estados do Piauí e Maranhão) e a fronteira final da costa brasileira no Oiapoque. Todavia, mesmo nos estados citados, observa-se uma tendência de aumento do processo de antropização da zona costeira sobretudo a partir do final dos anos 1990 e início dos anos 2000. Esse processo é particularmente dramático no Ceará, onde a antropização salta de 11% em 1994 para 30% em 2014.

A ocupação da zona costeira envolve uma diversidade de atividades e usos, entre os quais a instalação de portos e terminais marítimos, que ocorre majoritariamente em áreas abrigadas, como baías e estuários. De forma similar, nessas mesmas regiões, pela facilidade de recebimento de insumos e de escoamento da produção por via marítima, observa-se a instalação de importantes complexos e distritos industriais. É justamente nessas áreas abrigadas que se encontram os manguezais, que passam a ser pressionados por essas atividades, a exemplo da baía de São Marcos (estado do Maranhão); Suape (Pernambuco); baía de Todos os Santos (Bahia); baía de Vitória (Espírito Santo); baías de Guanabara, Sepetiba e Ilha Grande (Rio de Janeiro); Baixada Santista (São Paulo) e baía de Paranaguá (Paraná), além de diversos outros sistemas distribuídos por todo o litoral brasileiro.

Assim, o processo de ocupação das áreas costeiras determina uma série de potenciais impactos sobre os manguezais. Além dos efeitos mais severos e irreversíveis de perda de área pelo desmatamento e aterros, há aqueles que atingem os remanescentes de manguezais urbanos ou periurbanos, tais como deposição de lixo, lançamento de esgoto doméstico sem tratamento ou com tratamento inadequado e despejo de efluentes industriais com contaminantes como metais pesados e petróleo e derivados, apenas para citar alguns. Como consequência do processo de urbanização e de intensificação e diversificação da atividade humana associada a algumas regiões metropolitanas, os manguezais existentes nesses sistemas costeiros, como os ainda presentes na baía de Guanabara, no estado do Rio de Janeiro, encontram-se submetidos a múltiplas fontes de impacto e de pressão e podem ser considerados sistemas costeiros multiestressados.

Carcinicultura

A criação de camarão marinho ou carcinicultura como atividade econômica teve sua origem na década de 1930 no sudeste asiático. Na década de 1970, foi introduzida na América Central e, em seguida, na América do Sul. No Brasil, a implementação foi mais intensa a partir de meados dos anos 1990. Esse padrão de migração e expansão para novas áreas reflete a ausência de sustentabilidade ambiental, social e econômica da atividade, que degrada o ambiente e gera problemas sociais e econômicos onde se instala.

No Brasil, a carcinicultura é praticada principalmente nos estados do Nordeste, onde há clima mais propício, com destaque para o Rio Grande do Norte, Ceará, Pernambuco e Bahia, que respondem por mais de 80% da produção nacional. O cultivo utiliza o *Litopenaues vannamei*, uma espécie de camarão exótica, originária do sudeste asiático.

Vastas áreas de manguezais, incluindo planícies hipersalinas,[7] são destruídas para a construção de tanques de cultivo desse camarão marinho. Segundo dados do MapBiomas, entre 1985 e 2021 cerca de 1,3 mil hectares de planícies hipersalinas foram arrasados para a instalação de empreendimentos de aquacultura.[8]

Dentre os problemas oriundos da atividade de carcinicultura em zonas costeiras e sobretudo em áreas de manguezal destacam-se:[9] (i) destruição de florestas de mangue e planícies hipersalinas; (ii) alterações e bloqueio do fluxo das marés; (iii) disseminação de doenças que se alastram nos cultivos; (iv) introdução de espécie exótica de camarão em ambientes naturais; (v) contaminação de rios, lagoas, baías e estuários por efluentes dos viveiros, ricos em antibióticos e produtos químicos; (vi) destruição de áreas de mariscagem, pesca e captura de caranguejos; e (vii) conflitos sociais, com expulsão de marisqueiras, pescadores e catadores de caranguejo de suas áreas de trabalho e impedimento do acesso das comunidades tradicionais ao estuário e ao manguezal.

Os produtores de camarão em cativeiro defendem a atividade alegando que ela produz proteína animal para combate à fome e gera riqueza e empregos. Contudo, diversos pesquisadores, ambientalistas e movimentos sociais denunciam a carcinicultura como altamente impactante, acarretando sérios problemas ambientais e sociais.[10] No que tange ao combate à carência de proteína animal, deve-se considerar que o camarão não é acessível à população mais necessitada, mas, sim, um produto nobre que, em grande parte, visa aos consumidores mais abastados nos mercados interno e externo.

Ademais, um estudo realizado em diversos municípios costeiros do estado do Ceará,[11] que analisou 150 empreendimentos de carcinicultura, constatou que em média foram criados 0,6 empregos por hectare de tanques de cultivo. Isso significa que, para se gerar um posto de trabalho, é necessária a instalação de aproximadamente 20.000 m^2 de tanques, equivalentes à destruição de uma área de manguezal igual a cerca de dois campos de futebol. Soma-se a isso o fato de que boa parte dos postos de trabalho criados demanda mão de obra especializada (engenheiros de pesca, oceanógrafos, biólogos, veterinários, zootecnistas e técnicos), restando às comunidades locais postos pouco especializados e temporários, sobretudo nos períodos de instalação do empreendimento ou nas fases de despesca e manutenção dos viveiros. Portanto, o discurso de geração de emprego para as comunidades locais não encontra embasamento.

7 Conforme apresentado no capítulo 2, as planícies hipersalinas, popularmente conhecidas como apicuns ou salgados, compreendem uma das feições que formam o ecossistema manguezal. São encontradas associadas às florestas de mangue em regiões de clima seco ou sazonalmente seco, sendo muito frequentes nos manguezais da Região Nordeste do Brasil.

8 Disponível em https://mapbiomas.org/radiografia-da-costa-brasileira-nos-ultimos-37-anos.

9 Para maior detalhamento dos impactos da carcinicultura sobre os manguezais e as comunidades tradicionais no Brasil, recomenda-se a leitura do relatório produzido pela Comissão de Meio Ambiente e Desenvolvimento Sustentável da Câmara dos Deputados, disponível em https://www.camara.leg.br/proposicoesWeb/prop_mostrarintegra?codteor=316334 e do relatório produzido pelo Ibama, disponível em http://conama.mma.gov.br/index.php?option=com_sisconama&task=documento.download&id=20489.

10 Entre os movimentos sociais que têm denunciado a carcinicultura no Brasil nas últimas décadas, destacam-se, além dos movimentos e comunidades locais, a Comissão Nacional para o Fortalecimento das Reservas Extrativistas e dos Povos Extrativistas Costeiros Marinhos (Confrem), o Movimento de Pescadores e Pescadoras Artesanais (MPP) e o Conselho Pastoral dos Pescadores (CPP).

11 Disponível em http://conama.mma.gov.br/index.php?option=com_sisconama&task=documento.download&id=20489.

Na verdade, as comunidades locais, em sua maioria voltadas à pesca e ao extrativismo, têm seus modos de vida fortemente impactados pela degradação ambiental e pela apropriação do território tradicionalmente explorado por elas.

É importante analisarmos outros aspectos que atestam a pouca sustentabilidade da atividade de carcinicultura desenvolvida em áreas de manguezal. Os dados de produção de camarão em cativeiro entre 1998 e 2009 indicam que, após uma fase inicial de implantação da atividade no Brasil, houve um aumento rápido da produção, que atingiu cerca de 90 mil toneladas em 2003. Porém, em seguida, a produção entrou em declínio, mantendo-se em cerca de 65 mil toneladas em 2009. Esse padrão de colapso da produção é descrito para vários países e está relacionado à queda de produtividade, derivada em grande parte de doenças inerentes ao confinamento de animais em ambiente de cultivo. O padrão de crescimento–ápice–declínio da carcinicultura no Brasil é bastante nítido no comportamento da produtividade, que na fase inicial salta de 1.678 toneladas por hectare em 1998 para 6.084 em 2003. Porém, na fase seguinte, o setor experimenta um declínio de cerca de 42%, produzindo apenas 3.514 toneladas por hectare em 2009. Consequentemente, a única forma de se manter a produção é com o aumento da área de cultivo, ou seja, expandindo a destruição de áreas de manguezais para a construção de novos tanques de criação.

A queda de produtividade ao longo do tempo e os impactos ambientais e sociais anteriormente descritos demonstram que a carcinicultura não é sustentável e explica o padrão de migração e expansão do setor, que permanentemente busca novas áreas após exaurir os territórios onde se instala. Segundo dados do MapBiomas,[12] a aquicultura foi a categoria de ocupação da zona costeira brasileira que mais cresceu, com um aumento de 36% entre 1985 e 2021.

Por fim, um estudo publicado na revista *Science*, em 2002,[13] analisou o reflexo da conversão de áreas de manguezais para a implantação de empreendimentos de carcinicultura, comparando o total de riqueza produzido por um empreendimento desse tipo com a riqueza produzida pelo mesmo manguezal conservado. A conclusão é que a degradação de manguezais pela carcinicultura é economicamente desvantajosa, pois o valor dos manguezais conservados excede em 70% aquele gerado pela carcinicultura. Adicionalmente, a riqueza gerada pelo manguezal conservado é mais bem distribuída, pois beneficia diferentes setores da economia, tais como pesca, turismo e extrativismo, ao passo que sua conversão em tanques de carcinicultura atende apenas a um setor e, por conseguinte, um número muito menor de beneficiados.

12 Disponível em https://mapbiomas.org/radiografia-da-costa-brasileira-nos-ultimos-37-anos.

13 Disponível em https://www.science.org/doi/10.1126/science.1073947.

Produção de petróleo e gás

A pressão e os impactos exercidos pelo setor de petróleo e gás sobre os manguezais estão relacionados ao fato de a maior parte da produção de petróleo no Brasil ocorrer em campos marinhos.[14] Essa pressão tem se manifestado de forma crescente nas últimas décadas, sobretudo a partir da quebra do monopólio da União para exploração de petróleo, que permitiu a empresas privadas atuar em todos os elos da cadeia produtiva do setor de petróleo e gás. Outro marco na expansão do setor foi a exploração do pré-sal a partir da confirmação, em 2007, da existência de reservas economicamente viáveis nessa camada do subsolo marinho. Mais recentemente, uma nova fronteira de exploração tem sido motivo de preocupação: as bacias sedimentares localizadas na chamada Margem Equatorial Brasileira, que abrange os estados do Maranhão, Pará e Amapá, onde se situam as maiores áreas de manguezais do país. Os manguezais dessa região são responsáveis pela manutenção da alta diversidade biológica dessa costa e de importante cadeia econômica relacionada à pesca, além de abrigarem diversas comunidades tradicionais e unidades de conservação, com destaque para as Reservas Extrativistas Costeiras.

As ameaças do setor de petróleo e gás à conservação dos manguezais estão relacionadas ao elevado risco de derramamento de óleo nas etapas de perfuração dos poços, operação dos campos de produção, transporte, armazenamento e refino. Essas atividades concentram-se na zona costeira, onde ainda se localizam as instalações de apoio à operação, majoritariamente situadas em áreas abrigadas como baías e estuários, os mesmos sistemas onde os manguezais ocorrem.

O manguezal é considerado o ecossistema costeiro mais sensível à contaminação por petróleo e derivados,[15] por ser altamente produtivo, com grande relevância socioambiental e, uma vez atingido por derramamentos de petróleo, a remoção do produto é extremamente difícil. Além disso, por se tratar de um ambiente de baixa energia e de deposição de sedimentos lamosos e pouco oxigenados, o óleo, uma vez depositado, tende a permanecer por décadas no sedimento, prolongando os efeitos deletérios sobre o ecossistema, que tem um processo de recuperação bastante lento. Por tudo isso, em situações de emergência, esses ambientes devem ser priorizados nas operações de contenção do avanço de manchas de óleo.

Os efeitos do petróleo e derivados sobre o ecossistema manguezal podem ser bastante diversos e dependerão de diferentes aspectos, tais como:[16] (i) quantidade de óleo que chega ao manguezal; (ii) tipo de óleo; (iii) características geomorfológicas; (iv) frequência de inundação pelas marés; (v) força das marés; (vi) características do sedimento; (vii) espécie vegetal atingida; (viii) atividade da macrofauna bentônica; e (ix) atividade microbiana. Os efeitos do petróleo e derivados sobre os manguezais podem ser classificados como:

[14] Segundo a Agência Nacional de Petróleo, Gás Natural e Biocombustíveis (ANP), 97,7% do petróleo e 86,6% do gás natural produzido no Brasil em maio de 2023 tiveram como origem campos marítimos (https://www.gov.br/anp/pt-br/centrais-de-conteudo/publicacoes/boletins-anp/boletins/arquivos-bmppgn/2023/boletim-maio.pdf), com destaque para as bacias localizadas no Sudeste. Todavia, os campos de produção localizados no Nordeste também representam importante ameaça aos manguezais, tendo em vista estarem mais próximos à linha de costa.

[15] Para melhor entendimento dessa classificação, sugerimos a consulta ao estudo Gundlach, E.R. & Hayes, M.O. 1978. Vulnerability of Coastal Environments to Oil Spills Impacts. *Marine Technology Society Journal*, 12(4):18–27, disponível em https://www.oil-spill-info.com/Publications/1978_MTS_Vulnerability_ESI.pdf, que foi adotado e aprimorado pela National Oceanic and Atmospheric Administration (NOAA) dos Estados Unidos e diversas agências ambientais e empresas de exploração de petróleo em todo o mundo, como o caso do Ibama e da Petrobras no Brasil.

[16] Para uma análise objetiva e resumida sobre a vulnerabilidade e sensibilidade dos manguezais à contaminação por petróleo e derivados, vide o texto de Soares, M.L.G. 2003. Vulnerabilidade e sensibilidade do ecossistema manguezal à contaminação por petróleo e derivados. In: *Anais do II Congresso sobre Planejamento e Gestão das Zonas Costeiras dos Países de Expressão Portuguesa*.

• Agudos: que se manifestam de forma imediata e a curto prazo;[17]
• Crônicos: que se manifestam tardiamente em médio e longo prazos;
• Letais: quando o impacto leva à morte dos organismos;
• Subletais: quando não há morte dos organismos, mas efeitos sobre processos fisiológicos e metabólicos que podem provocar alterações na estrutura, no funcionamento e na dinâmica do ecossistema.

Assim, o impacto de derramamentos de petróleo e derivados sobre os manguezais é bastante variável, podendo caracterizar-se tanto pela mortalidade em massa das florestas de mangue por asfixia, em função do recobrimento de estruturas de trocas gasosas das raízes, como por efeitos subletais, capazes de alterar o vigor dos organismos e de todo o ecossistema. É importante destacar que nem sempre a morte imediata da floresta de mangue (efeito agudo e letal) é observada, há efeitos que se manifestam a médio e longo prazos e que também podem levar à morte tardia da floresta (efeito crônico e letal).

Percebe-se, no caso da contaminação por petróleo e derivados, que tão importante quanto o ponto de ação do tensor no sistema é sua persistência, que pode prolongar os efeitos letais e subletais e retardar o processo de recuperação do ecossistema, o que torna o impacto por óleo em manguezais extremamente danoso e delicado. Essa questão é ilustrada por estudos realizados nos manguezais da baía de Guanabara pelo Laboratório de Geoquímica Orgânica Marinha (Lagom) e pelo Núcleo de Estudos em Manguezais (Nema), ambos da Universidade do Estado do Rio de Janeiro, que detectaram, em camadas subsuperficiais do sedimento, a presença de óleo oriundo de derramamentos ocorridos na baía em 1975, 1997 e 2000.[18]

[17] Cabe esclarecermos que no presente texto tratamos das respostas dos manguezais à contaminação por petróleo e derivados. Portanto, não nos referimos à fonte de contaminação, que pode ser considerada aguda, quando se trata de um evento restrito no tempo, como por exemplo um derramamento de óleo, ou pode ser crônica, quando a contaminação ocorre de forma frequente ou permanente, mesmo que em pequenas quantidades, como o lançamento contínuo de contaminantes por efluentes ou pelo seu transporte ou uso.

[18] Este estudo compreende a tese de doutorado de Michelle Passos Araújo, intitulada "Testemunhos de lama — conhecer o passado, compreender o presente e pensar o futuro: reconstituição da contaminação nos manguezais da costa brasileira e dimensões socioeconômicas de seu entorno", defendida em 2018, no Programa de Pós-Graduação em Meio Ambiente da Universidade do Estado do Rio de Janeiro.

Por sua importância, os manguezais brasileiros são Áreas de Preservação Permanente que só podem ser suprimidas em caso de atividades de interesse público. Muitas áreas de manguezal estão ainda inseridas em Unidades de Conservação, que normalmente têm normas bastante restritivas para o uso humano. Mesmo assim, os manguezais estão sob constante ameaça, como a ocupação por salinas e tanques de criação de camarão na Região Nordeste.

Due to their importance, Brazilian mangroves are Permanently Protected Areas that can only be suppressed in the case of activities executed in the public interest. Many mangrove areas are also within Protected Areas, which tend to be subject to very restrictive rules for human use. Nonetheless, mangroves are under constant threat from, for instance, occupation by salt evaporation ponds and shrimp farm ponds in the northeast of Brazil.

Página ao lado [Page to the right]: Praia de Macapá, Área de Proteção Ambiental do Delta do Parnaíba [Macapá Beach, Parnaíba Delta Environmental Protection Area], Luís Correia, Piauí

O APELO DO MANGUEZAL

Conforme vimos, os manguezais estão submetidos a diversos tipos de pressão que atuam de forma diferenciada sobre o ecossistema. A relevância desses tensores pode variar segundo a localidade, tanto em sua frequência, como na intensidade. Demonstramos ainda que a atuação dos tensores compreende uma fonte adicional de estresse sobre os manguezais que, por conseguinte, pode não apenas levar a um gasto adicional de energia do ecossistema, provocando desde alterações na estrutura, no funcionamento e na dinâmica do ecossistema, mas à morte ou ao colapso do ecossistema.

No momento em que aumentam as preocupações da sociedade com os efeitos do aquecimento global, reconhece-se o importante papel dos manguezais na mitigação desses efeitos por meio do sequestro e armazenamento de carbono e da redução da vulnerabilidade das regiões costeiras às consequências de eventos extremos e inundações. Todavia, para que possam exercer essas e diversas outras funções e auxiliar no enfrentamento das mudanças climáticas, é imperativo, como vimos, que a exposição dos manguezais a tensores antrópicos adicionais seja reduzida. Para tanto, precisamos compreender como esses agentes atuam sobre os manguezais, para que atuemos de forma mais efetiva na redução desses impactos e na conservação desse valioso ecossistema, permitindo que os manguezais possam se adaptar e persistir, mesmo sob as novas condições impostas pelo aquecimento global.

Quando os manguezais são destruídos, não apenas perdem-se importantes serviços ambientais de natureza ecológica, econômica e social, como toda a riqueza distribuída por meio de diferentes formas de aproveitamento do ecossistema é reduzida ao simples uso do terreno antes ocupado pelo manguezal. Esse é o caso da utilização de áreas de manguezais para instalação de tanques para criação de camarão que, além de suprimir vegetação nativa, gera impactos ambientais e socioeconômicos negativos, afetando o funcionamento do ecossistema e a qualidade de vida de quem dele depende.

When mangroves are destroyed, not only are important environmental services of ecological, economic and social nature lost, but all the wealth distributed through different forms of utilisation of the ecosystem is reduced to the single use of the land previously occupied by the mangrove. This is the case with the use of mangrove areas to install shrimp ponds which, in addition to suppressing native vegetation, generate negative environmental and socio-economic impacts, affecting the functioning of the ecosystem and the quality of life of those who depend on it.

Guamaré, Rio Grande do Norte

Os manguezais fornecem à zona costeira uma proteção natural contra tempestades e inundações. Sua destruição para conversão do espaço costeiro para outros usos, como a instalação de salinas, aumenta a vulnerabilidade das populações litorâneas diante dos cada vez mais intensos e frequentes eventos extremos associados à mudança climática.

Mangroves provide the shoreline with natural protection against storms and floods. Its destruction in order to convert coastal space for other uses, such as the installation of salt evaporation ponds, increases the vulnerability of coastal populations to the increasingly intense and frequent extreme events associated with climate change.

Próxima dupla de páginas [Next double page spread]: Macau, Rio Grande do Norte

Na costa norte do Brasil, que se estende do Maranhão ao Amapá, estão localizadas as maiores áreas de manguezais do país, que ainda estão bem conservadas. Apesar das ameaças serem crescentes, ainda podemos promover uma outra forma de desenvolvimento dessa região, evitando o modelo predatório observado no restante de nosso litoral, caracterizado pela expansão urbano-industrial sobre áreas de manguezais. A ocupação humana na retaguarda dos manguezais, ilustrada pela rua pavimentada na foto, limita a possibilidade de o ecossistema se reposicionar em direção ao continente em cenários futuros de elevação do nível do mar.

Brazil's northern coast, stretching from Maranhão to Amapá, is home to the country's largest mangrove areas, which remain well preserved. Despite the growing threats, we can still promote another form of development in this region, avoiding the predatory model that has characterised the rest of our coastline, marked by urban-industrial expansion over mangrove areas. Human occupation of the area bordering the rear of the mangroves, illustrated by the paved road in the photo, limits the ecosystem's ability to reposition itself towards the mainland in future scenarios of rising sea levels.

Dupla de páginas anterior [Previous double page spread]: Salinas, Pará

Algumas das alterações promovidas pela sociedade sobre os manguezais são irreversíveis ou de difícil reversão, como a instalação de vias ou edificações e a contaminação por petróleo e derivados, que podem persistir por décadas no sedimento mesmo com o emprego de técnicas de remediação. Por isso é fundamental que vazamentos de óleo sejam evitados ou contidos, por exemplo, por barreiras flutuantes como a ilustrada na foto à esquerda, antes de chegaram aos manguezais.

Some of the changes society has made to mangroves are either irreversible or very difficult to reverse, such as the installation of roads or buildings and contamination by oil and oil products, which can persist for decades in the sediment despite the use of remediation techniques. That is why it is essential that oil spills are prevented or contained, for example by floating barriers like the one illustrated in the photo to the left, before they reach the mangroves.

Vazamento de petróleo [Oil spill]. Baía de Guanabara [Guanabara Bay], Rio de Janeiro. Fotos [Photos]: Núcleo de Estudos em Manguezais (Nema/Uerj)

As causas de degradação dos manguezais são muitas, agindo de forma diversificada sobre o ecossistema. Os resíduos sólidos impõem uma importante ameaça, sufocando a biota que vive no sedimento, ou se emaranhando e levando à morte as plântulas das árvores de mangue, comprometendo, por exemplo, iniciativas de recuperação ambiental. Todavia, uma vez cessadas e eliminadas as fontes desses impactos, os manguezais têm elevada capacidade de se recuperar, muitas vezes, sem necessidade de intervenções.

There are numerous causes of mangrove degradation and they act in a variety of ways on the ecosystem. Solid waste poses a major threat, suffocating the biota that lives in the sediment or entangling and killing mangrove tree seedlings, jeopardising environmental recovery initiatives, for instance. However, once the sources of these impacts have been stopped and eliminated, mangroves have a high capacity to recover, often without the need for interventions.

Garça sobre lixo sólido em área de manguezal [Egret on solid waste in a mangrove area], 2005. Cubatão, São Paulo. Foto [Photo]: Zig Koch

O grande desafio a enfrentar na atualidade é a busca de um modelo de sociedade que, além de entender a importância dos manguezais para sua sobrevivência e dos demais seres vivos, consiga conciliar suas atividades com a manutenção de um ambiente natural saudável. A expansão urbana desordenada, além da destruição direta de manguezais, provoca a contaminação do ecossistema por meio do despejo de esgoto não tratado e da disposição inadequada de lixo.

The great challenge facing us today is to find a model for society that, as well as understanding the importance of mangroves for our own survival and that of other living organisms, manages to reconcile human activities with the maintenance of a healthy natural environment. In addition to the direct destruction of mangroves, disorderly urban expansion causes contamination of the ecosystem through the discharge of untreated sewage and inadequate garbage disposal.

Baía Babitonga [Babitonga Bay], Joinville, Santa Catarina

A ocupação de áreas de manguezais ou de seu entorno por empreendimentos industriais e aterros sanitários ocasiona a perda de área do ecossistema e implica a contaminação de peixes, crustáceos e moluscos por poluentes. Esses organismos servem de alimento às comunidades locais e representam um importante setor da economia de regiões costeiras. Uma vez contaminados, não podem ser consumidos nem comercializados, contribuindo para o aumento da insegurança alimentar e comprometimento da renda.

The occupation of mangrove areas or their surroundings by industrial developments and landfills causes the loss of ecosystem area and entails the contamination of fish, crustaceans and molluscs by chemical and hazardous pollutants. These organisms provide food for local communities and represent an important sector of the economy in coastal regions. Once contaminated, they are unsuitable for consumption or trade, contributing to increased food insecurity and compromising income.

Próxima dupla de páginas [Next double page spread]:
Baía Babitonga [Babitonga Bay], Santa Catarina

Muitos dos centros urbanos localizados na costa brasileira têm se expandido sobre áreas de manguezais. A manutenção dos remanescentes dos chamados manguezais periurbanos, por meio da criação de unidades de conservação, deve ser prioridade das políticas públicas dessas cidades. Mas eles não estão protegidos de processos erosivos e de elevação do nível do mar. É necessário dar condições para eles se ajustarem às novas realidades impostas pelas mudanças do clima, um estressor relevante que se soma aos impactos locais no agravamento da vulnerabilidade desse ecossistema.

Many of the urban centres located on the Brazilian coast have expanded over mangrove areas. Maintaining the remnants of the so-called peri-urban mangroves, through the creation of protected areas, should be a priority in the public policies of these cities. Nevertheless, they are not protected from erosion and rising sea levels. We must provide them with the conditions to adjust to the new realities imposed by climate change, a significant stressor that adds to the local impacts in exacerbating the vulnerability of this ecosystem.

Parque Municipal do Manguezal do Itacorubi [Itacorubi Mangrove City Park], Florianópolis, Santa Catarina

OS MANGUEZAIS DO AMANHÃ

Flávia Rebelo Mochel

Manguezais são ecossistemas resilientes, pois têm se mostrado capazes de superar os efeitos negativos dos mais diversos tensores derivados da atividade humana, como desmatamento, esgoto urbano e derramamento de óleo. Desde que surgiram, há mais de 65 milhões de anos, os manguezais também enfrentaram mudanças drásticas na história geológica e climática do planeta, como eras glaciais e períodos com grande aquecimento. Muitas espécies de mangue estão hoje extintas, outras permaneceram e evoluíram para as que conhecemos nos tempos atuais. A plasticidade e a capacidade de alterar seu tamanho e viver com menos energia para se manter em ambientes menos favoráveis estão entre as características mais extraordinárias dessas espécies.

No momento que vivemos, no século XXI, constatam-se diferenças importantes entre o passado recente e o distante da história evolutiva dos manguezais que podem ser determinantes no futuro desse ecossistema. O planeta está ficando cada vez mais quente pelo aumento das emissões de gases que intensificam o efeito estufa, como o gás carbônico, gerado por ações humanas como desmatamento, queimadas, pecuária e queima de combustíveis fósseis, a exemplo do petróleo, gás natural e carvão. As consequências das mudanças climáticas globais têm acentuado os efeitos de impactos locais e aumentado a intensidade das ameaças nos manguezais.[1] À medida que a atmosfera e, consequentemente, o oceano se aquecem, ocorre uma série de alterações como mudanças nos padrões de chuva, aumento da frequência e intensidade de eventos extremos, elevação do nível do mar e ondas de calor, além da acidificação da água do mar, que trazem pressões adicionais a esse ecossistema.

Os dados disponibilizados pelo Painel Intergovernamental para Mudança Climática da ONU (IPCC)[2] mostraram que o nível médio global do mar apresentou, entre 2006 e 2018, uma variação média de 3,7 (3,2 a 4,2) mm/ano. A estimativa futura, no último relatório do IPCC sobre o clima,[3] sugere que o aumento da temperatura da Terra poderá alcançar mais de 1,5 °C até o final deste século, elevando o nível médio global do mar em pelo menos 0,55 m, em um cenário otimista.

O avanço do nível do mar sobre a zona costeira coloca um futuro de incertezas sobre os manguezais e as 210 milhões de pessoas que deles dependem direta ou indiretamente em todo o mundo. Os manguezais desaparecerão? Poderão ocupar novas áreas com o avanço do nível do mar em direção ao continente ou encontrarão obstáculos? O que acontecerá com o grande contingente de pessoas que sobrevive dos benefícios fornecidos pelos manguezais?

A zona costeira é um espaço cobiçado por muitos motivos, como a beleza de suas paisagens, o clima marinho e o acesso ao mar, e isso tem incrementado a sua ocupação e sua transformação em densas áreas urbanas, industriais e portuárias. Os contínuos aterros de manguezais suprimem, além de espécies, o espaço natural onde

1 Marengo, J. 2007. *Mudanças climáticas globais e seus efeitos sobre a biodiversidade*. Brasília: MMA.
2 IPCC, 2023. *AR6 Synthesis Report. Climate Change 2023*. Disponível em https://www.ipcc.ch/report/ar6/syr/.
3 Ibidem.

esse ecossistema pode se estabelecer. Não obstante, a mudança no uso do território costeiro é um processo que continua ocorrendo em várias partes do mundo, com tendência a se intensificar em alguns países como o Brasil.

Como resultado dessas duas forçantes, a ocupação da zona costeira, do lado continental, e o avanço do nível do mar, do lado oceânico, cada vez mais áreas serão urbanizadas, gerando possíveis perdas de biodiversidade. A capacidade dos manguezais de se reproduzirem exportando propágulos por meio das correntes marinhas permite que encontrem novas áreas, mas o seu sucesso em se estabelecer e se transformar em árvores adultas funcionais dependerá de conseguirem atingir locais não construídos, que congreguem os elementos adequados ao seu desenvolvimento.

Segundo alguns mapeamentos,[4] as florestas de manguezais que estão em áreas mais naturais, com o avanço do mar ao longo do tempo poderão avançar sobre outros ecossistemas — restingas, matas, bacias hidrográficas. Já em locais nos quais predominam paleodunas, falésias e topografias mais altas na zona costeira, os manguezais serão comprimidos e correrão o risco de futuramente deixarem de existir.

Esse estreitamento da faixa costeira ocupada por ecossistemas como praias e manguezais aumenta a erosão. O avanço do nível do mar e a incidência das ondas em algumas localidades transportam os sedimentos que constituem a base das raízes das árvores dos manguezais, agravando a vulnerabilidade desses ambientes sensíveis. Prevê-se que a zona costeira em quase todo o mundo estará modificada até o final do século XXI, em virtude dos processos erosivos. O desaparecimento das faixas costeiras dominadas por manguezais e ecossistemas associados tem provocado, cada vez mais, o deslocamento de populações que perdem suas áreas de pesca, moradia e sobrevivência para outras regiões, agravando problemas sociais e ambientais.

Ademais, no mundo, nem todas as áreas de manguezais estão sob o guarda-chuva de leis de proteção ambiental. Mais do que em toda a sua existência, esses ecossistemas estão pressionados em relação a uma escala curta no espaço-tempo, impondo novos desafios à sua resiliência, plasticidade e evolução. Um artigo publicado na revista *Science* apontou[5] que, até o final do século XXI, os manguezais estarão funcionalmente extintos em escala global. Isso significa que ainda poderá haver alguns manguezais, mas eles não serão mais capazes de cumprir funções ecossistêmicas, como sustentar a produtividade das águas costeiras. O futuro desse ecossisstema preocupa e importa às nações costeiras tropicais, e com ele o futuro da biodiversidade e da trajetória da humanidade em nosso planeta.

[4] Shanshan, L.; Wenjia H.; Jie, L. et al. 2023. Mapping mangrove sustainability in the face of sea level rise and land use: A case study on Leizhou Peninsula, China. *Journal of Environmental Management*, 325(b). Disponível em https://www.sciencedirect.com/science/article/abs/pii/S0301479722021272?casa_token=-77XzdrXkD10AAAAA:4TcytKm2WgCs5u5Tz9MBqyIi1ehpC28R7D6UslZlywSNjjJ1McZN-Fk973_b4-Jc-GCP1IuBdSw; Krauss, K.W.; From, A.S.; Doyle, T.W., Doyle, T.J. & Barry, M.J. 2011. Sea-level rise and landscape change influence mangrove encroachment onto marsh in the Ten Thousand Islands region of Florida, USA. *Journal of Coastal Conservation*, 15:629–638.

[5] Duke, N.C. et al. 2007. A World Without Mangroves? *Science*, 317(5834):41–42.

6 Alongi, D. 2014. Carbon sequestration in mangrove forests. *Carbon Management*, 3(3). Disponível em https://www.tandfonline.com/doi/full/10.4155/cmt.12.20.

SERVIÇOS ECOSSISTÊMICOS AMEAÇADOS

Como tratado anteriormente, serviços ecossistêmicos são benefícios que os ecossistemas fornecem aos seres humanos, incluindo alimento, abrigo e energia, até a fertilização das águas e dos solos para que a pesca seja bem sucedida. Nesse contexto, manguezais são admiráveis. A perda do importante serviço de suporte que eles oferecem como um dos ecossistemas que mais armazena carbono no mundo — as florestas de mangue sequestram 14% do carbono total do oceano,[6] poderá acarretar o aumento das emissões desse gás para a atmosfera. Além disso, como exportadores de nutrientes e substâncias para uma extensa e complexa cadeia alimentar costeira, sua falta colocará em maior risco a produção primária e o ciclo de vida de espécies marinhas e terrestres, reduzindo locais apropriados para reprodução, crescimento, abrigo e alimentação da biodiversidade.

A destruição desses serviços de suporte fragiliza o serviço de abastecimento ou provisão, pois a produtividade primária que impulsiona a cadeia alimentar e a riqueza da biodiversidade favorece a pesca, a produção de alimentos e de produtos naturais, incluindo mel, fibras e produtos biotecnológicos, como fármacos e suplementos alimentares, causando insegurança social quanto à geração de renda e trabalho e segurança alimentar, principalmente no âmbito das comunidades tradicionais de pescadores, marisqueiras, caiçaras e quilombolas do litoral.

Com o crescimento da população costeira mundial aumenta continuamente a demanda por pescados, como peixes e crustáceos, cuja sustentabilidade ainda depende de uma melhor compreensão das relações entre as espécies e a produtividade de cada área de manguezal. O futuro da pesca, das economias locais e da alimentação de comunidades costeiras que representam milhões de pessoas nos países tropicais e subtropicais do mundo está relacionado à presença e aos usos sustentáveis do ecossistema manguezal.

Outra ameaça que se faz presente e pode piorar se os manguezais continuarem sendo degradados é o aumento da contaminação por metais pesados, pois esses ecossistemas são importadores de sedimento e minerais que vêm dos rios e solos dos ambientes terrestres. Trata-se de um de seus importantes serviços de regulação que, ao longo do tempo, é responsável por depositar e tornar indisponíveis para a biota metais pesados como chumbo, cádmio e mercúrio. Sem os manguezais, os sedimentos são escavados e os metais ficam livres para contaminar peixes, ostras, mariscos e também as pessoas que os consomem. Além dos sedimentos e do clima, os manguezais regulam a salinização da água doce dos lençóis subterrâneos. A ausência dessa barreira formada pelos manguezais implica consequências tanto à economia quanto à saúde humana.

Além de toda a importante perda de biodiversidade e dos diferentes ambientes do manguezal, a degradação do ecossistema tem ameaçado também o modo de vida de comunidades tradicionais. No Brasil e em todo o mundo, a crescente ocupação dos territórios costeiros por núcleos urbanos, a remoção das pessoas para instalação de empreendimentos de criação de camarão e o estabelecimento de ações desordenadas de turismo afetam e alteram o serviço cultural fornecido pelos manguezais, destacando-se os usos tradicionais na culinária e na medicina tradicional, os costumes e valores espirituais e a noção de pertencimento ao lugar onde se vive.

MANGUEZAIS DE PLÁSTICO

A quantidade de plástico que chega aos manguezais é cada vez maior e coloca em risco o futuro desse ecossistema. Mundialmente, um mapa[7] publicado na revista *Science of Total Environment* demonstrou que a maior parte do plástico que circula na zona costeira é transportada pelas marés para as áreas onde há manguezais.

O excesso de plástico nos resíduos sólidos presentes nos manguezais promove a deposição acelerada de sedimentos, principalmente arenosos, provocando a elevação do terreno, entupindo as raízes respiratórias e matando as árvores de mangue que ficam sem ar. Em alguns locais na Ásia, recentemente quantificou-se que mais de 50% dos sedimentos dos manguezais estavam cobertos por resíduos plásticos,[8] com até 300 itens por metro quadrado, os quais cobrem as raízes e levam as árvores à morte. Além disso, os plásticos emaranhados nas raízes dos manguezais promovem a mortalidade de propágulos, inviabilizando o desenvolvimento de novas plântulas e a recuperação do mangue.

Um futuro mais sombrio preocupa com base em estudos e pesquisas[9] sobre o plástico presente no ambiente marinho que mostram que pequenas partículas, denominadas microplásticos, estão sendo incorporadas pelas células dos seres vivos. O tamanho dessas partículas varia entre 5 mm e 0,1 µm, e há partículas menores ainda, os nanoplásticos, com menos de 0,1 µm.

Nos manguezais, os microplásticos têm sido encontrados na lama e na água onde vive e se alimenta um gama de organismos marinhos, muitos deles consumidos pelos seres humanos. Esses resíduos vêm comumente de itens de uso pessoal como embalagens de cosméticos, detergentes, shampoos e tintas, que se alojam nos manguezais e se degradam em pequenos pedaços. Um relatório da União Internacional para Conservação da Natureza (UICN)[10] informa que 48% dos microplásticos provenientes das atividades domésticas e industriais são liberados no oceano e que essa carga ainda aumentará nas próximas décadas. É urgente uma chamada imediata para

7 Bijsterveldt, C.E.; Wesenbeeck, B.K; Ramadhani, S. et al. 2021. Does plastic waste kill mangroves? A field experiment to assess the impact of macro plastics on mangrove growth, stress response and survival. *Science of Total Environment*, 756. Disponível em https://www.sciencedirect.com/science/article/pii/S0048969720373575.

8 Ibidem.

9 Zolotova, N.; Kosyreva, A.; Dzhalilova, D. et al. 2022. Harmful effects of the microplastic pollution on animal health: A literature review. *PeerJ*, 10:e13503. Disponível em https://peerj.com/articles/13503/.

10 Boucher, J. & Friot, D. 2017. *Primary Microplastics in the Oceans: A Global Evaluation of Sources*. Gland: IUCN. 43p. Disponível em https://holdnorgerent.no/wp-content/uploads/2020/03/IUCN-report-Primary-microplastics-in-the-oceans.pdf.

impedir novos lançamentos de plásticos nos manguezais e realizar sua remoção nas áreas já afetadas.

Os efeitos que os resíduos plásticos podem ter sobre as árvores e os estágios mais jovens como propágulos e plântulas estabelecidos no sedimento ainda são pouco conhecidos. Estudos recentes, inclusive em escala molecular, estão buscando compreendê-los. Trata-se de um tema crítico para as próximas décadas.

MANGUEZAIS DO AMANHÃ: RESTAURAR É PRECISO

Para apoiar os esforços contra a crescente destruição dos ecossistemas em todo o mundo, a Organização Mundial das Nações Unidas (ONU), reunida em assembleia geral em 2019, proclamou o período compreendido entre 2021 e 2030 a Década da Restauração dos Ecossistemas.[11] Esse período também foi estabelecido como a Década do Oceano[12] para fortalecer as ciências oceânicas e seu uso em ações de sustentabilidade com o propósito de alcançar os Objetivos de Desenvolvimento Sustentável (ODS) da Agenda 2030 para o Desenvolvimento Sustentável. Esses dois atos das Nações Unidas estão alinhados, uma vez que a degradação dos manguezais e o agravamento da saúde do oceano e da crise da biodiversidade marinha vêm ocorrendo devido a atividades antrópicas globais, como a pesca, poluição química, eutrofização, destruição de hábitat e invasões de espécies exóticas. Para que o manguezal seja plenamente recuperado e sua sustentabilidade promovida, é preciso conjugar técnicas, conhecimentos científicos, participação comunitária, cooperação institucional, educação ambiental e criação de áreas marinhas protegidas, de modo a diminuir custos, aumentar benefícios e empoderar cidadãos.

E há resultados positivos, como algumas experiências de restauração de manguezais, no Brasil, que recuperaram esse ecossistema em áreas impactadas por atividades portuárias.[13] Em 2018, a cobertura mundial de manguezais foi estimada em 150.000 km^2, mas cerca de 25% desse ecossistema foi danificado por ações humanas,[14] sobretudo por desmatamento, poluição, ocupação da zona costeira, cultivo de camarão e mudanças climáticas.

A boa prática da restauração dos manguezais propicia a cooperação entre diferentes segmentos sociais, como o público, o privado e o comunitário. Dessa maneira, percebe-se a necessidade de desenvolver metodologias e estratégias para a recuperação desses importantes ecossistemas, além da divulgação das informações científicas e integração do conhecimento gerado para a realidade da educação.

A restauração comunitária tem sido vista, em todo o mundo, como um instrumento para aumentar a reposição de manguezais danificados, pois une os esforços

[11] ONU. 2019. *United Nations Decade on Ecosystem Restauration (2021–2030)*. Disponível em https://www.globallandscapesforum.org/wp-content/uploads/2019/09/United-Nations-Decade-on-Ecosystem-Restoration-2021%E2%80%932030.pdf.

[12] ONU. *United Nations Decade of Ocean Science for Sustainable Development (2021–2030)*. Disponível em https://en.unesco.org/ocean-decade.

[13] Ferreira, A.C.; Ganade, G.; Attayde, J.L. 2015. Restoration versus Natural Regeneration in a Netropical Mangrove: Effects on Plant Biomass and Crab Communities. *Ocean & Coastal Management*, 110; Mochel, F.; Fonseca, I.L.A. 2019. *Abordagem integrada para a recuperação de manguezais degradados em áreas portuárias com estudo de caso em São Luís do Maranhão*. Disponível em https://www.atenaeditora.com.br/catalogo/post/abordagem-integrada-para-a-recuperacao-de-manguezais-degradados-em-areas-portuarias-com-estudo-de-caso-em-sao-luis-maranhao; Mochel, F.; Fonseca, I.L.A. 2019. *Recuperação ecológica de manguezais em sistema de confinamento celular (geocélulas): estudo de caso em área portuária no Golfão Maranhense, Brasil*. Disponível em https://www.atenaeditora.com.br/catalogo/post/recuperacao-ecologica-de-manguezais-em-sistema-de-confinamento-celular-geocelulas-estudo-de-caso-em-area-portuaria-no-golfao-maranhense-brasil

[14] Spalding, M.D. & Leal, M. 2021. *The State of the World's Mangroves 2021. Global Management Alliance*. Disponível em https://www.mangrovealliance.org/wp-content/uploads/2021/07/The-State-of-the-Worlds-Mangroves-2021-FINAL-1.pdf.

de lideranças, jovens e crianças aos dos especialistas em restauração, técnicos e gestores, que trocam saberes, selecionam áreas e tomam decisões para implantar viveiros comunitários, coletar, preparar e plantar mudas, e monitorar as áreas plantadas.

Além de contribuir para o equilíbrio e a manutenção saudável desse ecossistema costeiro e beneficiar as comunidades locais e adjacentes às áreas de manguezais que dependem da produção de pescados, a recuperação de manguezais também contribui diretamente para a Agenda 2030, com os Objetivos de Desenvolvimento Sustentável (ODS) como o estabelecido, em 2021, pela Sociedade Internacional para Restauração Ecológica (SER) em conjunto com a ONU. Entre os objetivos, estão a promoção da integridade dos ecossistemas, da biodiversidade, da integração dos sistemas tradicionais de conhecimento, da melhoria da qualidade da água e do ar e da mitigação das mudanças climáticas com o aumento da incorporação do carbono azul.

MANGUEZAIS PROTEGIDOS

Muitas áreas de manguezais ainda podem e precisam ser protegidas. Para isso é necessário que políticas públicas de conservação e de preservação do ecossistema sejam fortalecidas. É preciso aparelhar e fiscalizar com o auxílio dos cidadãos as Unidades de Conservação (UC) já existentes que incluem manguezais, bem como acrescentar novas UCs em categorias como Parques, Áreas de Proteção Ambiental e Reservas Extrativistas, ampliando o território protegido e salvaguardando suas particularidades regionais. Um novo olhar para a gestão das áreas protegidas é necessário, uma vez que o aumento da eficácia de políticas públicas demanda crescentes instrumentos multidisciplinares e participativos.

Políticas públicas para o enfrentamento da coleta, disposição e reciclagem do lixo, em especial dos resíduos plásticos, são urgentes, de maneira a inibir a criação de futuras áreas de disposição do lixo que sirvam, também, como base para aterros e transformação de manguezais em áreas construídas e focos de poluição.

A nova realidade do aquecimento global e de aumento do nível do mar exige políticas públicas para amenizar seus efeitos e o desenvolvimento de planos que permitam aos manguezais e às suas comunidades se adaptarem à nova realidade. Essas políticas públicas precisam incluir dados científicos atualizados, reunir cidadãos para debates e formular e implementar diretrizes que possam ser monitoradas e reavaliadas ao longo do tempo.

As iniciativas inovadoras de políticas públicas costeiras têm buscado soluções baseadas na natureza para as quais a inclusão dos serviços ecossistêmicos de regulação, como a proteção oferecida por manguezais, praias e dunas, será crucial na prevenção ou minimização de riscos e desastres climáticos, do avanço do nível do mar e das inundações em cidades costeiras, incluindo instalações portuárias e industriais.

Nenhum governo, municipal, estadual e federal, nem mesmo as Nações Unidas, conseguirá agir sozinho, com base unicamente em documentos legais. É preciso que todos os setores da sociedade e os cidadãos façam sua parte no sentido de promover a implementação dos instrumentos de gestão disponíveis e cumprir as metas acordadas coletivamente, como o ODS 14 e os objetivos esperados da Década do Oceano. Isso será tão mais realidade na medida em que tivermos uma sociedade informada e sensibilizada, papel promovido pelas iniciativas de educação ambiental.

EDUCAÇÃO AMBIENTAL E O PAPEL DA COMUNICAÇÃO

Para que as pessoas sejam proativas na defesa dos manguezais é necessário que tenham acesso ao conhecimento sobre esse valioso ecossistema. Diversos eventos como congressos, simpósios nacionais, estaduais e locais em educação ambiental enfocando os manguezais, alguns com mais de duas décadas de continuidade, têm buscado abordar diferentes temas, atualizando os debates com a sociedade e o estado da arte dos conhecimentos. Destacam-se os Encontros Nacional e Estaduais de Educação Ambiental em áreas de Manguezal (ENEAAMs) iniciados em Maragogipe, Bahia, em 1993. O Congresso Nacional de Educação Ambiental (CNEA), em João Pessoa (PB), publica, desde seu início em 2012, *e-books* com iniciativas de educação ambiental em manguezais entre outros ecossistemas. Ampliar as atividades de educação ambiental voltadas para divulgar, informar e sensibilizar a sociedade sobre o ecossistema manguezal é crucial para engajar um maior número de pessoas para a transformação de comportamentos e atitudes, de forma colaborativa e solidária, contra a destruição desse ecossistema. Trata-se de buscar métodos de engajamento por meio da informação e da divulgação científica que tornem os conteúdos interessantes, divertidos e desafiadores do ponto de vista dos alertas e das chamadas para a ação. É importante que mais educadores, no ambiente escolar ou não, em qualquer faixa etária, credo ou etnia, busquem meios de divulgar valores, princípios e novas abordagens compatíveis com a sustentabilidade dos manguezais, a partir do que é produzido, descoberto e construído junto com seus grupos de educação ambiental.

A mídia em geral e, em especial, as rádios comunitárias comuns em áreas de manguezal têm o valioso papel de comunicar, informar e divulgar a importância dos manguezais, as ameaças que eles vêm sofrendo e o que as pessoas podem fazer para se engajar na sua proteção. A informação significa também apresentar os conceitos de sustentabilidade dos manguezais e contribuir para a formação de opinião crítica e contextualizada. É necessário aumentar o número de eventos com potencial para receber cobertura da mídia, sejam jornais, rádios, emissoras de televisão, *blogs*, mídias sociais de ONGs ou influenciadores que podem abrir espaço para promover a sustentabilidade dos manguezais. Diversas ONGs, sindicatos e cooperativas têm profissionais de comunicação com potencial de se tornarem grandes aliados na difusão da informação uma vez capacitados nos conhecimentos sobre esse tema. Num futuro sustentável, é importante a criação de redes interligadas de comunicadores que desenvolvam relatórios independentes, com fins de utilidade pública.

A SUSTENTABILIDADE DOS MANGUEZAIS E DO PLANETA

É importante observar que praticamente todos os 17 Objetivos de Desenvolvimento Sustentável (ODS) da Agenda 2030 para o Desenvolvimento Sustentável dialogam com os manguezais. Assim sendo, destacamos alguns deles que chamam atenção à urgência de certas questões ecológicas, econômicas, sociais, culturais e de saúde humana em relação ao futuro dos manguezais. Em outras palavras, proteger e utilizar de forma sustentável esse ecossistema é uma forma de construir um futuro mais sustentável para o planeta.

Os ODS 1 e 2 têm como meta diminuir a pobreza e a fome em todo o mundo. É fundamental que os manguezais sobrevivam para evitar que milhões de pessoas no litoral tropical e subtropical do planeta tenham sua condição de sofrimento, vulnerabilidade e indignidade exacerbada. Como exemplo, na Indonésia, a conversão de florestas de manguezais em carvão é realizada tradicionalmente como meio de sobrevivência desde o século passado.[15] Porém, um dos problemas socioambientais que se agravam há décadas é a exportação do carvão dos manguezais para países desenvolvidos, processo marcado por uma relação desigual de remuneração entre os "mateiros", os atravessadores, e o mercado.[16] Portanto, é necessário que atividades econômicas que utilizem recursos do manguezal estejam alinhadas tanto com as políticas de diminuição da pobreza e a promoção da saúde pública e do saneamento, quanto com os ODS relacionados à manutenção da floresta em pé. Políticas públicas nacionais e transnacionais são urgentes para abordar as questões de milhares de comunidades cuja sobrevivência depende dos manguezais.

O engajamento das mulheres pode fazer a diferença para a sustentabilidade dos manguezais, seja na educação, na produção não predatória de alimentos ou na recuperação de áreas degradadas, muito embora sua participação na tomada de decisão seja ainda desigual. Aumentar a atuação e fomentar a igualdade de gênero e o empoderamento das mulheres e das meninas faz parte do ODS 5. A tendência é um

[15] Satyanarayana, B.; Quispe-Zuniga, M.; Hugé, J. Et al. Mangroves fuelling livelihoods: A socio-economic stakeholder analysis of the charcoal and pole production systems in the World's longest managed mangrove forest. *Front. Ecol. Evol.*, 21(9). Disponível em https://www.frontiersin.org/articles/10.3389/fevo.2021.621721/full.

[16] Ibidem.

aumento de lideranças femininas em muitas comunidades tradicionais em áreas de manguezais. Essas lideranças buscam ampliar a representatividade de marisqueiras, pescadores, catadores de caranguejos e quilombolas, e almejam que suas demandas socioambientais sejam ouvidas e acatadas.

A ausência de disponibilidade de água doce e saneamento básico sustentáveis, abordada pelo ODS 6, é um dos problemas graves e complexos que também afeta diretamente as áreas de manguezal. A dificuldade do acesso à água doce é exacerbada pela salinização das áreas em processo de desmatamento e erosão. Ações devem ser tomadas para impedir a proliferação de doenças pela ingestão de água local fora dos parâmetros saudáveis. Da mesma forma, ações para evitar as valas que escorrem eflúvios para o interior dos manguezais podem ser empreendidas com o uso de fossas sépticas ou outras tecnologias. Novamente, vê-se que o esforço participativo entre setores governamentais, técnicos e comunitários é essencial.

A agenda climática é o tema do ODS 13. Para os manguezais, é fundamental que se dê atenção especial a esse aspecto, pois a ciência mostra que eles podem armazenar mais carbono do que outras florestas no planeta. Assim, é urgente estabelecer ações para resgatar o poder dos manguezais de regular o clima.

Agir para que a vida no mar e na zona costeira seja diversa, esteja em equilíbrio e gere bem-estar para todos é o tema do ODS 14. Elaborar estratégias integradas para proteger a biodiversidade de espécies de manguezais e os seus processos ecológicos significa contribuir para o equilíbrio da zona costeira e o bem-estar das pessoas.

A vida na Terra é tratada pelo ODS 15. Para conservar os manguezais, é de vital importância buscar meios de apoiar a proteção, conservação e recuperação dos ecossistemas florestais, pois sua degradação vem alterando a chegada dos sedimentos finos (lamas) que se depositam carreados pelas chuvas e pelo escoamento superficial.

Portanto, para que a Agenda 2030 possa ser implementada, as parcerias (ODS 17) são mais do que desejáveis, são essenciais.

OS MANGUEZAIS DO FUTURO

Queremos que os manguezais possam continuar sendo florestas exuberantes e extensas, cobrindo as zonas costeiras tropicais do mundo com sua rica biodiversidade. Que estoquem carbono, para atenuar os efeitos das mudanças climáticas. Que sejam, como um ambiente limpo e saudável, ecossistemas produtivos e sustentáveis para milhões de pessoas. Que se constituam cada vez mais em um ambiente a partir do qual se possa gerar e compartilhar prosperidade e que contribua para o fortalecimento da dignidade dos povos do mar. Que sejam plenamente integrados aos objetivos da Década do Oceano, resilientes, produtivos, seguros, explorados de forma sustentável e valorizados por todos. Que os manguezais continuem a evoluir e a se adaptar para a sobrevivência num planeta dinâmico, como fizeram durante toda a sua existência até os dias atuais. Resta a confiança no papel que a humanidade terá para continuar convivendo com essa floresta milenar, de forma que os benefícios que nos fornece sejam retribuídos com ações objetivas e continuadas para restaurá-los, conservá-los e protegê-los. Todos nós podemos, e devemos, fazer algo para proteger os manguezais da degradação e, eventualmente, da extinção. Governos, cientistas, políticos, empresários, jornalistas, organizações não governamentais, educadores e educandos, eu, você e quem mais vier. O manguezal do futuro demanda uma atitude imediata.

Os diversos benefícios fornecidos pelos manguezais às populações humanas devem estar alinhados à conservação de modos de vida tradicionais e práticas sustentáveis e não predatórias.

The various benefits provided by mangroves to human populations must be aligned with the conservation of traditional ways of life and sustainable, non-predatory practices.

Transporte de ostras do mangue (*Crassostrea rhizophorae*) [Transport of mangrove oysters], Reserva Extrativista Marinha de Canavieiras [Canavieiras Marine Extrative Reserve], Bahia

Práticas tradicionais de uso dos manguezais garantem a sobrevivência de diversas populações costeiras quanto à obtenção de recursos alimentares e outros. Porém, é preciso que elas tenham, também, suas necessidades básicas atendidas, como acesso a saneamento, saúde e outros, sem prejuízo da área onde vivem.

Traditional practices of using mangroves guarantee the survival of several coastal populations in terms of obtaining food and other resources. It is essential that the basic needs of coastal populations are met, without harming the ecosystem.

Transporte de madeira usada nos currais de pesca na Reserva Extrativista Marinha da Baía do Iguape [Transport of wood used in fishing corrals in the Baía do Iguape Marine Extractive Reserve], Maragogipe, Bahia

Manguezais saudáveis são fundamentais para a manutenção dos seus múltiplos usos, como benefícios culturais, incluindo lazer, turismo, valores espirituais e de pertencimento, entre outros.

The good health of mangroves is crucial to the maintenance of their multiple uses and cultural benefits, such as leisure, tourism, spiritual values and values related to a sense of belonging.

Reserva Extrativista Marinha de Cururupu [Cururupu Marine Extrative Reserve], Maranhão

A conservação de costumes tradicionais sustentáveis é uma forte aliada na conservação dos ecossistemas de manguezais. As populações costeiras que vivem junto dessas áreas precisam ser incluídas nas decisões sobre a gestão de seu território de modo a manter a integridade dos manguezais.

The conservation of sustainable traditional customs is a strong ally in the conservation of mangrove ecosystems. Coastal populations living near these areas must be included in decisions about the management of their territory in order to maintain the integrity of the mangroves.

No alto [At the top]: Comunidade de pesca no rio Preguiças [Fishing community on the Preguiças river], Mandacaru, Maranhão

Acima [Above]: Mangue de Pedra [Pedra Mangrove], Búzios, Rio de Janeiro

Exuberantes manguezais ainda são encontrados nas regiões mais afastadas das zonas urbanas e industriais, onde vastas extensões de lamas fluidas se depositam no vaivém das marés. Esses sedimentos lamosos permitem à vegetação de mangue colonizar as áreas costeiras. Com o crescimento dos manguezais, as raízes retêm mais sedimentos e aumentam sua deposição.

Lush mangroves are still found in regions furthest from urban and industrial areas, where vast expanses of fluid mud are deposited as the tides come and go. These muddy sediments allow mangrove vegetation to colonise coastal areas. As the mangroves grow, the roots retain more sediment and increase its deposition.

Parque Nacional do Cabo Orange [Cape Orange National Park], Oiapoque, Amapá

A conectividade entre manguezais e outros ecossistemas mostra sua relação de interdependência por meio de diversos subsídios. Manguezais também revelam conectividade com sistemas socioculturais, principalmente comunidades pesqueiras e tradicionais, que dependem dos recursos alimentares, cuja captura é regida pelas marés.

The connectivity between mangroves and other ecosystems shows their interdependent relationship through various subsidies. Mangroves also reveal connectivity with sociocultural systems, especially fishing and traditional communities, which depend on food resources, the capture of which is governed by the tides.

Página à direita [Page to the right]: Vila do Camará [Camará village], Reserva Marinha Extrativista Mestre Lucindo [Mestre Lucindo Marine Extrative Reserve], Marapanim, Pará

As florestas de mangue são as únicas do mundo que se desenvolvem sob influência de água salgada e ocupam a zona costeira. Trata-se de ecossistemas que apresentam, também, a maior produtividade entre todos os outros ecossistemas florestais.

Mangrove forests are the only forests in the world that grow under the influence of salt water and occupy the coastal zone. These ecosystems also have the highest productivity compared to all other forest ecosystems.

Próxima dupla de páginas [Next double page spread]: Praia de Goiabal [Goiabal Beach], Calçoene, Amapá

Os ambientes protegidos e abundantes em alimentos dos manguezais proporcionam locais de refúgio, alimentação e reprodução, atuando como berçários para muitas espécies, inclusive algumas oficialmente ameaçadas.

The protected, food-abundant environments of mangroves provide sites of refuge, feeding and breeding, acting as nurseries for many species, including some that are officially threatened.

Dupla de páginas anterior [Previous double page spread]: Baía Babitonga [Babitonga Bay], Joinville, Santa Catarina

Manguezais são valiosos ecossistemas no enfrentamento dos efeitos das mudanças climáticas por serem os mais eficientes em sequestrar o carbono da atmosfera na vegetação e no sedimento lamoso, na Zona Costeira, conhecido como carbono azul.

Mangroves are valuable ecosystems in tackling the effects of climate change because they are the most efficient at sequestering carbon from the atmosphere in the vegetation and muddy sediment in the coastal zone, known as blue carbon.

Página à direita [Page to the right]: Reserva Extrativista de Arapiranga-Tromaí, [Arapiranga-Tromaí Marine Extrative Reserve] Carutapera, Maranhão

Muitas são as espécies que visitam os manguezais. Além do papel ecológico desse ecossistema na biodiversidade ou na cadeia alimentar, regulando os estoques pesqueiros e controlando predadores naturais, sua beleza natural aliada ao cenário das paisagens costeiras constitui um importante valor estético.

Many species visit the mangroves. In addition to the ecological role this ecosystem plays in biodiversity or in the food chain, regulating fish stocks and controlling natural predators, its natural beauty combined with the scenery of coastal landscapes represents an important aesthetic value.

Abaixo [Below]: Garça-branca-pequena [Snowy egret] (*Egretta thula*), Reserva Extrativista Marinha de Mocapajuba [Mocapajuba Marine Extrative Reserve], São Caetano de Odivelas, Pará

A proteção de estuários e manguezais é premente e necessária para a humanidade. Em todo o mundo, esses ecossistemas estão sendo destruídos e contaminados. É preciso transformar economias, mudar atitudes e incluir tecnologias e modos de vida sustentáveis. O amanhã depende do que fazemos hoje.

The protection of estuaries and mangroves is urgent and necessary for humanity. All over the world, these ecosystems are being destroyed and contaminated. We need to transform economies, change attitudes and include sustainable technologies and ways of life. Our tomorrow depends on our actions of today.

Próxima dupla de páginas [Next double page spread]: Rio Mocajuba [Mocajuba River], Reserva Extrativista Marinha de São João da Ponta [São João da Ponta Extrative Reserve], Pará

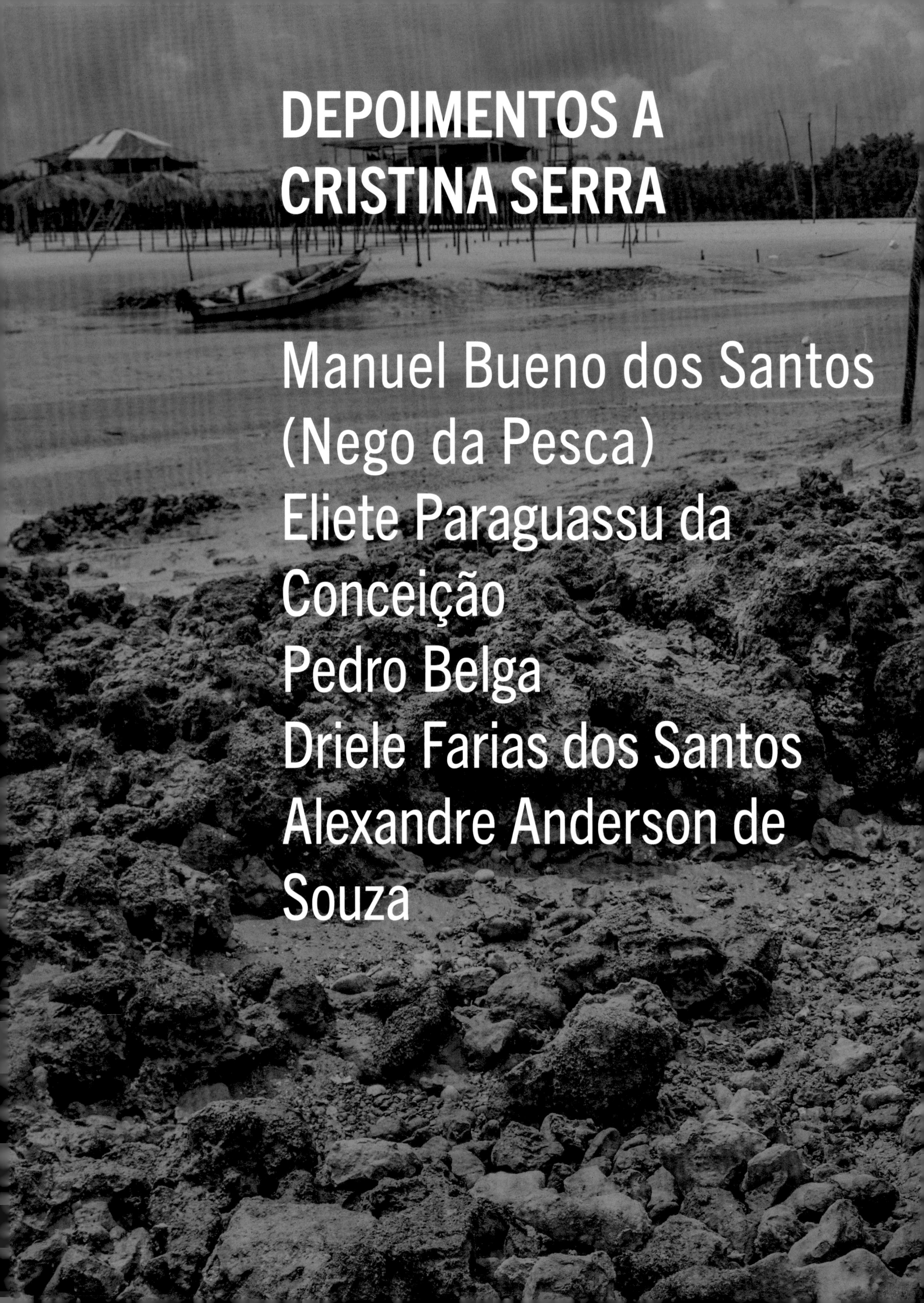

DEPOIMENTOS A CRISTINA SERRA

Manuel Bueno dos Santos (Nego da Pesca)
Eliete Paraguassu da Conceição
Pedro Belga
Driele Farias dos Santos
Alexandre Anderson de Souza

MANUEL BUENO DOS SANTOS (NEGO DA PESCA)
"O MANGUEZAL É A NOSSA AMAZÔNIA"
SERRA, ESPÍRITO SANTO

A atividade pesqueira está tão entrelaçada à vida de Manuel Bueno dos Santos, 62 anos, que quase ninguém o conhece pelo nome de batismo e sim pelo apelido de Nego da Pesca. "Eu até esqueço meu nome verdadeiro", diz o pescador de origem mineira que se estabeleceu no litoral do Espírito Santo e se encantou com o mar, lá se vão mais de 40 anos.

Nego da Pesca criou a Associação dos Pescadores de Jacaraípe, no município de Serra, e hoje é uma liderança de destaque nacional por sua atuação na defesa dos direitos dos trabalhadores da pesca. É presidente da Federação das Associações de Pescadores do Espírito Santo e Coordenador Nacional do Movimento de Pescadores e Pescadoras Artesanais do Brasil (MPP).

Tornou-se também um defensor do meio ambiente costeiro e marinho. Uma de suas maiores preocupações é a degradação dos manguezais do Espírito Santo, ecossistema vital para o sustento de catadores e pescadores. "O manguezal é a nossa Amazônia. Não existe pesca sem manguezal preservado", alerta.

Cristina Serra – Você nasceu em Minas Gerais, um estado que não tem litoral, e se tornou pescador artesanal, em Jacaraípe, no Espírito Santo. Como a pesca entrou na sua vida?
Nego da Pesca – Eu perdi meus pais quando ainda era muito criança. Minha mãe morreu quando eu tinha três anos, e fui criado por parentes. Quando eu tinha 15 anos, um amigo me chamou para tentar a vida no Espírito Santo. Os pescadores me acolheram e eu aprendi que não se paga um favor que se recebe com dinheiro, mas com um outro favor. Busquei fazer alguma coisa que ajudasse todos que me ajudaram. Para compensar a acolhida dos pescadores, eu busquei legalizar a pesca na região de Serra. Até a década de 1990, os pescadores não tinham documento de pesca. Não eram ninguém para a Previdência. Muitos não tinham RG nem CPF. Quando um adoecia, tinha que procurar um político para ajudar. Nossa luta ajudou a libertar os pescadores desse cabresto. Hoje, o pescador consegue se aposentar. E eu sou muito grato por ter sido acolhido.

C.S. – O que a pesca te ensinou?
Nego da Pesca – Eu costumo dizer que cada tijolo da minha casa foi um peixe que eu peguei. Eu casei com 17 anos, tenho três filhos e todos se formaram na universidade. Depois que eles estavam formados, eu voltei para a escola e concluí o ensino fundamental e o médio. Mas o que eu aprendi mesmo foi a solidariedade entre os pescadores. Eu comecei pescando nas lagoas Jacuném

e Juara, depois é que fui para alto-mar. No mar, num barquinho de oito, dez metros, a gente aprende a convivência e a harmonia. Pesca é coisa boa, mas é muito sofrida, a gente passa muito sufoco, com vento, chuva, ondas muito altas. O sufoco nos traz a força e a união. A gente é muito unido e fica muito feliz no mar. Mas a gente fica mais feliz é quando volta.

C.S. – Pescar hoje é muito diferente do que quando você começou a pescar?
Nego da Pesca – Antes, nós tínhamos mais fartura. O peixe é mais esperto que a gente, ele corre da contaminação. Então, hoje, o pescador tem que ir cada vez mais longe para trazer o pescado. Em 2015, aconteceu o desastre da barragem da Samarco e a lama chegou até o litoral do Espírito Santo e se espalhou por toda a costa. Até hoje, a pesca está proibida numa faixa que chega a até quase 20 quilômetros do litoral, 20 metros de profundidade. A lama contaminou o manguezal da nossa costa, que é um berçário de peixes e mariscos. Sem manguezal saudável não tem pesca. A lama continua descendo. Toda vez que chove, desce rejeito pelo rio. Tem que estudar o pescado e saber se está contaminado. A pesca do camarão também foi muito prejudicada.

C.S. – Ou seja, o pescador precisa do manguezal com saúde para continuar tendo o seu sustento e da sua família?
Nego da Pesca – O manguezal é a nossa Amazônia, é como o ar que respiramos. Onde tem manguezal, a riqueza do pescado é muito grande. Não existe pesca sem manguezal preservado. Onde existe manguezal, a pesca é mais farta. Antes da lama da barragem, o manguezal do Espírito Santo era lindo e tinha muita fartura. Tinha ostra, sururu, caranguejo, siri. Aqui, acontece o festival do caranguejo há mais de 20 anos porque a cata do caranguejo sustenta muitas famílias. O manguezal é berçário de espécies. O peixe entra no manguezal para desovar. É o robalo, a tainha, a carapeba. Tem que fazer um estudo no manguezal do Espírito Santo para saber o efeito da lama da barragem. Também tem muito empreendimento que chega destruindo o manguezal. São portos, estaleiros, projetos baseados na ganância de um modelo de desenvolvimento desordenado, sem pensar no futuro, nos nossos filhos e nos nossos netos. Só para dar uma ideia, o Espírito Santo já tem 11 portos e mais 16 estão previstos. Cada novo empreendimento privado que chega é uma área de extrativismo que a gente perde. Eles destroem a restinga, lançam rejeitos *in natura* nas lagoas, nos manguezais e no mar. Tudo isso tem um impacto muito grande na cata de mariscos, ostras, lagosta, polvo.

C.S. – O que os pescadores podem fazer para impedir a destruição do manguezal e proteger a fonte de sustento de suas famílias?
Nego da Pesca – A gente cuida do meio ambiente porque é dele que a gente tira o sustento. Foi graças à pesca que eu construí a casa que me protege da chuva, do vento, do sol. A natureza é tudo na minha vida. E a gente começa a pensar no futuro, nos nossos netos e pensa que tem que fazer alguma coisa. Será que os meus netos vão ter o prazer de ver essa beleza que é o manguezal? Eles vão poder comer um peixe fresco, sem nenhuma contaminação? A gente tem que preservar a natureza para manter as condições de vida e de saúde. Sem meio ambiente, não somos nada. O mundo está mudando. Quando eu era criança, a gente sabia a época de plantar porque sabia quando vinha a chuva. Agora, nem a meteorologia acerta. Tem uma história que eu lembro de ouvir dos antigos, na roça. A mata estava pegando fogo e um beija-flor pegava a água no bico e jogava para apagar o incêndio. Aí, alguém perguntou para o beija-flor se ele achava que ia mesmo apagar o incêndio daquele jeito. O beija-flor respondeu que não sabia, mas que estava fazendo a parte dele. Os antigos não sabiam nem assinar o nome, mas já tinham essa sabedoria. A gente está sempre alertando. Nós não somos omissos.

C.S. – Você mencionou que precisa ir cada vez mais longe para pescar. A quantidade de peixes também está diminuindo? O que fazer para impedir que essa situação se agrave ainda mais?
Nego da Pesca – O Movimento de Pescadores e Pescadoras Artesanais do Brasil (MPP) está fazendo, desde 2017, a campanha pelos nossos "territórios pesqueiros". Coletamos mais de um milhão de assinaturas e protocolamos na Comissão de Direitos Humanos da Câmara dos Deputados para ser um projeto de lei de iniciativa popular. O projeto é para criar os "territórios pesqueiros" em todo o litoral brasileiro. Isso é importante porque, por exemplo, descobrem que tem petróleo numa região e nos expulsam. Nós temos que ter alguma indenização ou ter a opção de uma outra área onde a gente possa pescar. Tem que ser de acordo com as condições de trabalho do pescador. Eu, por exemplo, tenho um barco de sete metros, que não tem condição de ir tão longe. Então, temos que ter uma opção viável.

C.S. – Como se demarca um "território pesqueiro"?

Nego da Pesca – O pescador sabe onde tem o peixe. Ele sabe lidar com GPS, a sonda vai vendo o fundo do mar. Quando acha um pesqueiro bom, ele já marca as coordenadas daquele lugar no GPS e a qualidade de peixe que tem ali. A gente pesca por um tempo e fazemos o manejo, ou seja, descansamos aquele lugar e vamos para outro. Cada peixe tem sua época de aparecer. Tem espécie que gosta do recife que é para se proteger do predador, dos peixes maiores. Mas a gente sabe pegar, leva bastante sardinha salgada, cheirosa e o peixe sai da "loca" (toca). Peixe gosta de comida boa. A nossa pesca respeita o meio ambiente. A pesca predatória, não. Essas traineiras grandes, que vêm de Santa Catarina, com motor muito possante, fazem um cerco e puxam 60, 70 toneladas de peixe de uma vez só.

C.S. – Com respeito ao meio ambiente é possível, portanto, fazer extrativismo e pesca sustentáveis?

Nego da Pesca – É o que nós fazemos. O pescador artesanal é um defensor do meio ambiente. Eu até ganhei o título de Guardião da Natureza, da Fase (Federação de Órgãos para Assistência Social e Educacional). No Espírito Santo, nós somos 18 mil pescadores profissionais artesanais, incluindo os catadores. Mas a cadeia produtiva da pesca é muito maior, gera outros empregos e beneficia umas 60 mil famílias. Um pescador tem o emprego dele e gera mais quatro a cinco empregos. É o mecânico do motor do barco, o eletricista, o que constrói e conserta a embarcação, o que beneficia o pescado, o peixeiro, o restaurante que vende peixe e marisco. É uma cadeia muito forte. O mundo da pesca é infinito.

C.S. – O Dorival Caymmi diz numa canção que o pescador tem dois amores, um na terra e um no mar. Quais são os seus amores?

Nego da Pesca – Na terra é a minha família, os meus netos, Isabela, Davi, Guilherme e Manuela. É por eles que eu luto. No mar, é a natureza, a terra, a água, o céu, o vento. Quando a gente faz uma boa pescaria, esquece tudo de ruim na vida. Se eu morrer no mar, eu morro feliz.

ELIETE PARAGUASSU DA CONCEIÇÃO
A LUTA DAS MULHERES DAS ÁGUAS
ILHA DE MARÉ, BAHIA

Eliete Paraguassu da Conceição, 43 anos, tem sua vida entranhada na lama do manguezal da Ilha de Maré, bairro insular da capital baiana, Salvador. Filha de uma comunidade quilombola e mãe de dois filhos, Eliete define o manguezal como um portal para sua ancestralidade e a mariscagem como uma arte, que aprendeu ainda criança, vendo sua mãe, dona Zenilda, trabalhar de sol a sol.

Ainda muito jovem, Eliete entendeu que precisava lutar para preservar o ecossistema de onde tirava seu sustento e se lançou no ativismo pela defesa dos manguezais da Baía de Todos os Santos, ameaçados pelos impactos de complexos industriais instalados na região. Sua forte atuação e liderança nas comunidades lhe renderam até mesmo ameaças de morte. Mas Eliete tem a fibra resistente das mulheres das águas e chegou ao Ministério da Pesca, onde pretende empreender políticas públicas que fortaleçam as comunidades pesqueiras e que protejam a natureza generosa e exuberante dos manguezais em todo o país.

Cristina Serra – Qual é a importância do manguezal na sua vida?
Eliete Paraguassu da Conceição – Eu venho para o mangue desde que estava na barriga da minha mãe, Zenilda. Venho de uma tradição de mulheres marisqueiras. Mesmo de barriga grande elas vão mariscar. Minha infância foi no mangue, sempre gostei de me embrenhar, tinha um prazer de estar ali, sempre foi o meu espaço. Meu primeiro amor eu desenhei num pé de mangue. Minha vida toda foi nesse território. É uma relação muito profunda que tenho com o meu lugar. Nossa família é de origem humilde, meu pai, Manuel, é pescador. Quando as dificuldades apareciam, eu sempre ajudava minha mãe. Sendo a caçula, ajudei a botar comida na mesa, indo mariscar ou pescar pra minha mãe fazer o almoço. Sempre tirei caranguejo no braço, mergulhava o braço na lama pra tirar da toca. Tenho marca até hoje de mordida de caranguejo, de siri. Sempre gostei de ficar no manguezal e esquecia do mundo quando estava lá dentro. Mesmo com mosquito me mordendo eu gostava de ir lá pra mariscar e também pra conhecer, pra passear. Eu saía da escola e já queria ir pro mangue.

C.S. – Como é trabalhar no manguezal?
Eliete Paraguassu da Conceição – A mariscagem sempre foi o meu forte. Eu também pesco peixe, mas a pescaria de rede é mais de turma, de grupo. O mangue é o lugar mais das mulheres. A gente tem uma conexão com

o mangue, aprende a identificar o canto dos pássaros, mas também das espécies terrestres e aquáticas. Os mariscos, o aratu, o sururu, eles também "cantam". Eles têm um estalo, uma forma de se comunicar. Aí a gente consegue saber o lugar que tem sururu. Eles "cantam" muito no mangue. No mangue, a gente consegue mariscar o mês todo porque aprende a trabalhar com as marés. Tem a maré pequena, "quebrada", e tem a maré de "coroa". A maré de "coroa" dá a cada 10, 12 ou 15 dias. É quando a gente pega os mariscos mais caros, a lagosta, o siri, com uma produção maior. Tem também o preguari, um molusco afrodisíaco muito caro, de carne branca, usado nas saladas. Ele cresce nas coroas próximas mais do que em mar aberto. Em uma "fachiada", eu já tirei sete quilos de siri numa noite. É o mesmo que eu consigo em três dias de trabalho, se for de dia.

C.S. – O que é a "fachiada"?

Eliete Paraguassu da Conceição – É a arte de pesca que eu mais amo. O facho é um tipo de candeeiro. Tem também a "caruxa", que é um candeeiro maior, com mais luz. A gente trabalha das dez da noite às três da manhã. À noite, tem pouco vento, o esforço pra remar é menor. As águas estão mais tranquilas, não tem barulho, não tem sol pra castigar o nosso corpo, a gente não se sacrifica tanto. Nós fizemos uma adaptação na "caruxa" porque quando chove molha o pavio e apaga. A gente adaptou como uma lanterna pra não apagar e não parar o trabalho. É muito comum as mulheres fazerem três marés por dia. Das 5 h às 8 h da manhã; depois sai de novo às 14 h e às vezes já fica pra "fachiada". Fora os afazeres domésticos e o movimento social. A gente se movimenta a partir das marés e da lua.

C.S. – Você tem uma atuação forte em defesa dos manguezais, do meio ambiente e das mulheres marisqueiras. Como começou o seu ativismo?

Eliete Paraguassu da Conceição – Quando eu tinha 17 pra 18 anos, a Pastoral dos Pescadores chegou na minha comunidade de Porto dos Cavalos, na Ilha de Maré. A Pastoral trouxe um tema muito importante: de que nós somos protagonistas da nossa própria história. Então, comecei a fazer a defesa desse espaço que alimenta minha família. O manguezal é rico, é sagrado, é um espaço de vida, o manguezal alimenta a nação e é um portal para a nossa ancestralidade. Fico muito chateada com alguns ditados populares que associam o mangue a um lugar desorganizado. As pessoas falam "você tá mangueando" ou "minha casa tá um mangue", como se o mangue fosse um depósito de lixo, uma bagunça. O mangue é um berçário de vida, que equilibra o meio ambiente, que nos mostra se tem alguma contaminação. O espaço do manguezal é ancestral e tem seus protetores. Nanã é a orixá protetora do manguezal. Por isso, as mulheres é que defendem o manguezal.

C.S. – Você falou que o mangue é um portal para a ancestralidade das comunidades. Em que sentido ele é esse portal?
Eliete Paraguassu da Conceição – A minha comunidade fica no norte da Ilha de Maré, é um território quilombola, negro, tradicionalmente ocupado pela pesca, no coração da Baía de Todos os Santos. Por aqui passavam os navios negreiros vindos da África. As comunidades da ilha nascem a partir dessa história da venda dos escravizados no Recôncavo Baiano. Na ilha, tem seis quilombos reconhecidos e mais quatro em processo de reconhecimento. A minha casa fica de frente para 13 hectares de manguezal. Tem mangue na frente, do lado e nos fundos da minha casa. Eu sou da lama do mangue. Me emociono quando falo sobre isso (voz embargada). Minha luta se fortaleceu também por causa de minha filha, Diana. Em 2004, a Universidade Federal da Bahia fez uma pesquisa na comunidade e foi constatado que minha filha estava contaminada com metais pesados. Ela tem muitos problemas de saúde, mas até hoje não tive um diagnóstico exato. É preciso fazer mais exames pra saber o que ela tem. Na Ilha de Maré, tem muitos casos de câncer. É preciso que o Estado faça uma pesquisa na água, no solo, no pescado e nas pessoas. Já são quase duas décadas desde essa primeira pesquisa. É isso que nos faz lutar contra o racismo ambiental.

C.S. – Como as mulheres marisqueiras têm se organizado e o que conseguiram até agora ao lutarem juntas?
Eliete Paraguassu da Conceição – A luta das mulheres das águas é pra que a gente tenha um ambiente de bem viver, saudável, livre de contaminação, com alimentação de qualidade e pra que a gente consiga viver no nosso território. É o racismo ambiental que decide depositar seu lixo no mangue. Mas é meu corpo que está submerso nessas águas e nessa lama. É um lugar onde tem gente, tem corpos, tem alimento. O racismo ambiental não nos enxerga e ameaça a segurança alimentar. Isso nos vulnerabiliza. Foi ali que o racismo ambiental decidiu depositar o seu lixo, seja o humano, seja o industrial. Esse lugar fica adoecido e quem coloca seu corpo ali adoece também. O racismo ambiental sacrifica os manguezais.

C.S. – Além do lixo, qual o maior perigo para os manguezais hoje em dia?

Eliete Paraguassu da Conceição – Nosso maior problema é a supressão de manguezais para fazer refinarias, portos, empreendimentos da indústria química, petrolífera. De 2019 a 2020, uma grande empresa arrancou sete hectares de manguezal dentro de um território quilombola. Fizemos um grande ato de protesto e de denúncia. A empresa resolveu nos processar por dano ao patrimônio dela. E o nosso patrimônio? A empresa disse que tinha licença pra retirar o manguezal, mas não teve nenhuma discussão com a população. Foi um sofrimento muito grande pra gente. A gente nasceu pra garantir o direito à vida no lugar que a gente decidiu estar. Quando o empreendimento chegou, a gente já estava lá. Nós vivemos uma situação de violência profunda e sofremos várias perseguições. Eu mesma já recebi ameaça de morte. Não saio de casa sozinha, não vou a lugares públicos. Tive que sair do território. Mas Deus e os orixás nunca me abandonaram. Sou filha de Iansã, sou mulher das águas, sou mulher do mangue. Estou em outro lugar estratégico, no Ministério da Pesca, em Brasília. Esse governo me acolheu e as lutas a gente faz no lugar em que a gente está.

C.S. – E quais são as próximas lutas para as mulheres das águas?

Eliete Paraguassu da Conceição – A gente conseguiu um projeto importante para o empoderamento das mulheres porque nos dá condições de vender o marisco a um preço melhor. A Petrobras atua no território há muito tempo e entrou com esse projeto como compensação ambiental. São 120 unidades com *freezer*, equipamento, bancada de inox pra limpar e beneficiar o pescado com mais qualidade e higiene. Isso é uma mão na roda para as comunidades pesqueiras. Agora, a gente tem *freezer* pra armazenar e não tem que vender a qualquer preço pro atravessador por não ter onde guardar. A gente começou a conversar em 2012 e em 2022 começou a execução. Já foram entregues quase 70 cozinhas e serão quase 350 mulheres beneficiadas. O projeto se chama "Mariscar é uma arte" e está no Instagram. O projeto também tem um conjunto de ações de formação dentro do entendimento das mulheres da comunidade e um processo de acompanhamento da saúde delas para diminuir as doenças laborais da atividade pesqueira. Este projeto pode ser a base de uma política pública para as mulheres das águas e é o que pretendo fazer na Coordenação Geral de Assistência e Inspeção Pesqueira do Ministério da Pesca.

PEDRO BELGA
OS JARDINEIROS DO MANGUEZAL
BAÍA DE GUANABARA, RIO DE JANEIRO

O amor pela baía de Guanabara, no estado do Rio de Janeiro, desde a infância moldou o destino do biólogo marinho Pedro Belga. De origem humilde, cedo ele se engajou como voluntário na assistência a comunidades do entorno da baía.

Sua convivência com pescadores e catadores apontou o caminho para a defesa do meio ambiente respeitando a sabedoria e o conhecimento dos povos tradicionais. Foi assim que fundou a Guardiões do Mar. "Criei a ONG com um bando de loucos como eu. No começo, foi muito difícil, não tinha dinheiro pra nada. Não me arrependo. Faria tudo de novo", relembra.

Hoje, aos 60 anos, colhe resultados de uma vida inteira dedicada à baía de Guanabara. Entre as realizações da Guardiões do Mar, está o plantio de 120 mil árvores de manguezal. É muito? Para eles, é só o começo. A meta é plantar um milhão de árvores de manguezal até 2030. Um presente para a Guanabara e para o planeta.

Cristina Serra – Como começa a sua história com a baía de Guanabara e o manguezal?

Pedro Belga – Quando eu era criança, ainda não existia a ponte Rio–Niterói e eu atravessava a baía de balsa. Ficava debruçado vendo os botos, os golfinhos. Eu me encantei muito com eles e essa imagem ficou muito vívida na minha cabeça. Aos 13 anos, vindo de uma comunidade em situação de vulnerabilidade social, entrei em um grupo de jovens da igreja católica. Eu queria mudar o mundo à minha volta. Foi quando conheci a ilha de Itaoca, em São Gonçalo, onde vivem comunidades de pescadores artesanais, de catadores de caranguejo e de descarnadeiras de siri. Elas quebram a casca do siri e separam a carne para vender para um atravessador. Naquela época, meninas de oito, nove anos ajudavam as mães e, nesse trabalho, acabavam perdendo a impressão digital. Isso me chamou muito a atenção e me fez querer trabalhar com as comunidades. Também fiquei impressionado com a beleza da ilha, que tem uma capela fundada em 1647, e onde eu conheci o manguezal. Naquela época, a gente levava alimentos, agasalhos e brinquedos para as pessoas que trabalhavam no lixão da ilha. Nós encontramos famílias que já estavam na quinta geração vivendo de catar o lixo e de buscar comida naquele lugar. Tudo isso me levou ao que faço hoje, com 13 comunidades na baía de Guanabara, em oito municípios.

C.S. – No seu trabalho, então, você tem uma preocupação social associada ao esforço de preservar a baía e os manguezais no seu entorno?

Pedro Belga – Eu precisava mostrar para as pessoas que a baía estava viva porque eu conheci uma baía que a maioria não conhece. Eu vivia lá, nesse recôncavo, no fundo da baía. Pra muita gente, ela é da ponte Rio–Niterói para fora. Até mesmo moradores do fundo da baía não entendem que ela é uma bacia contribuinte e não só essa massa d'água de 389 quilômetros quadrados. É uma bacia com quatro mil quilômetros quadrados, considerando os rios que desaguam nela. São sete municípios que a margeiam: Rio de Janeiro, Niterói, São Gonçalo, Itaboraí, Guapimirim, Magé e Duque de Caxias. Mas existem mais 10 municípios que estão na serra e que contribuem, positiva ou negativamente, para a baía. Duzentos mil metros cúbicos de água por segundo chegam à baía, trazendo água, silte, areia, argila, porta de geladeira, sofá, televisor, garrafa PET... As pessoas não fazem a conexão de que quando jogam uma garrafa PET lá no rio de Cachoeira de Macacu, ela vai parar na baía. Meu trabalho, desde então, passou a ser mostrar essa conexão ecossistêmica e sensibilizar as pessoas. A ONG Guardiões do Mar nasceu em março de 1998 com a premissa de provar que a baía está viva, bela, e que ela existe, resiste e persiste.

C.S. – Logo depois da criação da Guardiões do Mar teve o derramamento de óleo da Petrobras na baía. Como isso afetou o trabalho de vocês?

Pedro Belga – O derramamento foi em janeiro do ano 2000. Cerca de 1.298.000 litros de óleo se espalharam na baía. Naquela época, 98% dos especialistas falavam que ela estava morta. Como eu vivia nela, dizia: "Não, ela não morreu. Está no CTI, mas tem recuperação". Eu me voluntariei e fui pra ilha de Itaoca ajudar a limpar. Lembro dos biguás cheios de óleo. Nessa época, fui trabalhar na Prefeitura de São Gonçalo, e a Guardiões do Mar firmou sua primeira parceria com a Petrobras para uma atividade de educação ambiental, mostrando para crianças como o lixo vai parar no manguezal. O "seu" Adílio Campos, catador de caranguejo desde os nove anos de idade, me disse um dia: "Pedro, você sabe que eu criei meus 11 filhos catando caranguejo, a maioria deles é catador também. Você, que conhece os figurões da Petrobras e da Prefeitura, não consegue uma graninha pra gente limpar o mangue, não? Porque onde tem um sofá, onde tem uma TV, não tem toca de caranguejo, não tem toca". Veja a mentalidade daquele homem simples, que conhecia muito bem o ambiente em que vivia. Foi aí que a gente criou a Operação Mangue Limpo. Apresentei um projeto para a Petrobras propondo uma ação de limpeza de manguezais, com pagamento de bolsa-auxílio para os catadores no defeso daquele ano. No defeso, não se pode catar nem comercializar o caranguejo porque ele está no período de reprodução. Nessa primeira ação, foram 79 mil garrafas PET coletadas e 18.883 brinquedos. Deu tão certo que a operação se repete até hoje.

C.S. – Além da limpeza, a ONG decidiu investir no plantio de manguezal. Como se restaura um ecossistema que vem sendo degradado há séculos?
Pedro Belga – É preciso entender o processo histórico de agressão aos manguezais. Quando a família real chegou ao Brasil, em 1808, havia 262 quilômetros quadrados de manguezais na baía. Começava em Botafogo, fazia todo o entorno da baía e ia até a praia de Itaipu, em Niterói, quase chegando em Maricá. Hoje, nós só temos 62 quilômetros quadrados. A baía sofreu muitos aterros, construção de portos, dentre outras intervenções humanas que afetavam os manguezais. Hoje, Rio de Janeiro e Duque de Caxias estão calçados e impermeabilizados. Magé está num processo de urbanização muito acelerado, mas ainda tem áreas verdes de manguezais. Niterói, São Gonçalo e Itaboraí também estão inteiramente urbanizados. Aí, chega lá no fundo, e tem Guapimirim com a Área de Proteção Ambiental (APA) e aquele respiro verde. Na década de 1970, houve muita devastação por causa da madeira do mangue. Ela queima por mais tempo, gerando mais calor. Essa madeira alimentou os fornos das olarias que produziram as telhas e os tijolos das cidades do entorno da baía. Quando, em 1984, os manguezais já estavam quase totalmente devastados, o geógrafo Elmo Amador, já falecido, e mais alguns ambientalistas fizeram muita pressão e, ainda no regime militar, foi criada a APA de Guapimirim. Amador dizia que a APA impede o abraço mortal na baía de Guanabara justamente porque preserva o manguezal. Foi a primeira unidade de conservação do Brasil dedicada a manguezais. Ela tem 14 mil hectares, dos quais seis mil são só de manguezais. E no miolo da APA tem a Estação Ecológica da Guanabara, que é a maior faixa contínua de manguezal preservado do estado do Rio de Janeiro. Se não fosse ela, não existiria mais vida na baía de Guanabara.

C.S. – Como é feito o plantio no manguezal? Parece algo bastante complexo.

Pedro Belga – A restauração do mangue, a parte do manguezal coberta por vegetação arbórea, é complexa porque é um local sujeito às intempéries climáticas. Depende da lua, do regime das marés e tem uma quantidade insuportável de mosquitos e maruins (risos). Tem dia que a maré está tão alta que você não consegue plantar nada; tem dia que ela está tão baixa que você atola até a cintura. Nós começamos o plantio em 2013, com a Cooperativa Manguezal Fluminense, que fazia viveiros de mudas de mangue. Mas há uma perda muito grande das mudas de viveiro, em torno de 55%, porque elas são cultivadas em condições ideais e depois vão para o ambiente onde estarão sujeitas a alterações de temperatura e hidrológica, entre outras. Depois, mudamos nosso método de trabalho. A semente da árvore-mãe do mangue-vermelho, que tem as raízes aéreas, cai no solo já com uma árvore pronta dentro dela. Essa semente se chama propágulo. Os propágulos caem, se fincam na lama, crescem e alguns morrem por competição. Essa observação dos pescadores, que chamamos de tecnologia social, foi valorizada nas ações de plantio. O que nós fazemos é diminuir a competição. Pegamos o excesso de sementes, que naturalmente iriam morrer, e transplantamos. As sementes que estão espremidas embaixo da árvore-mãe são retiradas e levadas para um espaço de 2 x 2 m. É uma muda já adaptada, do próprio local. Com isso, a perda chega, no máximo, a 12%. Nossos únicos adversários são os caranguejinhos, que adoram comer o caule e aí a gente tem alguma perda por herbivoria. E nós contratamos pescadores e catadores de caranguejo para fazer o plantio. Os pescadores, inicialmente contratados, passaram a parceiros para a vida. Todas as nossas ações de restauração e conservação estão em total alinhamento com os povos tradicionais da Guanabara. São pessoas acostumadas ao ambiente. O nosso diferencial é valorizar o saber local das comunidades. Em dez anos, nós plantamos 120 mil árvores numa área de 42,2 hectares de mangue na APA de Guapimirim. Hoje, temos um guia de restauração que é referência nacional. Cada árvore que a gente plantou não foi só para a baía, foi para o mundo porque cada hectare de manguezal sequestra até dez vezes mais carbono da atmosfera do que uma floresta continental. É um regulador climático.

C.S. – Além do sequestro de carbono, que outros serviços ecossistêmicos são prestados pelo manguezal?

Pedro Belga – Os contaminantes que vêm carreados pelos rios são filtrados e retidos no manguezal. É o efeito de um filtro biológico. O manguezal também é um berçário da vida. Pelo menos 60% das espécies marinhas dependem do manguezal em algum momento da sua vida para sobreviver, seja na fase de larva, seja na fase juvenil ou adulta. O mero, por exemplo, o senhor das pedras, um peixe que pode chegar a 450 quilos, nasce no manguezal e até os sete anos de idade precisa estar próximo dele. Antes disso ele não vai para o mar aberto. Sem mangue? Sem peixe, sem caranguejo. A forma das raízes ajuda a diminuir o impacto de intempéries, como uma tempestade ou ressaca marinha, por exemplo. O manguezal também oferece a beleza cênica para o turismo de base comunitária. São muitos serviços ecossistêmicos e muita geração de emprego e renda. No inconsciente coletivo, manguezal é sujo, lamoso, malcheiroso e cheio de mosquito. O manguezal que não recebe esgoto tem água límpida e cheiro normal de qualquer decomposição anaeróbia. O manguezal é pura vida!

C.S. – Num cenário de tantas agressões socioambientais você acredita ser possível ampliar a restauração de manguezais no entorno da baía de Guanabara?

Pedro Belga – O manguezal é um dos ecossistemas mais resilientes que existe, e a baía é o resultado dessa resiliência. Eu tenho um sonho: chegar em 2030 com um milhão de árvores plantadas na baía de Guanabara. Já cheguei a 120 mil. Dez por centro eu já garanti (risos).

C.S. – Não é pouco tempo para uma meta tão ambiciosa?

Pedro Belga – Dá pra plantar. De 2012 até agora, formamos muita mão de obra. Além do plantio, a limpeza do mangue também é importante na restauração. É uma atividade muito árdua. Tirar TV de 29 polegadas enterrada na lama, pneu de caminhão, não é fácil. Fizemos uma limpeza na foz do rio Guaxindiba, numa área de 15 mil metros quadrados, e monitoramos até 2018. Não plantamos uma única muda e a floresta se recompôs sozinha. Foi só retirar o lixo que estava ali. Por conta desse trabalho, hoje somos parceiros do Programa da Organização das Nações Unidas (ONU) para o Meio Ambiente (Pnuma). Enquanto houver um catador de caranguejo, um quilombola, um pescador artesanal que precise da baía e do mangue para viver, eu vou estar lá ajudando. É a causa da minha vida.

C.S. – Você trabalha com muitas parcerias, seja com empresas privadas e públicas, seja com organismos como a ONU. Qual o balanço que faz dos resultados desse trabalho?
Pedro Belga – Nós temos o patrocínio de grandes empresas deste país: a Petrobras e a Transpetro, que têm como público de conflito os pescadores artesanais, por exemplo. Junto todo mundo. Não tenho uma fórmula, mas sei que dá certo. Consigo que a comunicação entre eles se estabeleça e todos entendam o papel de cada um: da empresa que faz a roda da economia girar e dos povos tradicionais, que, com apoio, podem tornar realidade seus projetos, ações e melhorias em suas comunidades. Nos projetos patrocinados, sempre há transferência de renda via bolsa-auxílio para formação continuada de adolescentes das comunidades. Em 25 anos, 470 adolescentes passaram por formação nos projetos da Guardiões do Mar. Eu venho da mesma origem, sei o que é dormir com a barriga roncando. Ao longo desses anos, entendi que só gritar não vai fazer com que sejamos escutados. É preciso mostrar o problema e apontar soluções. Aí, a gente consegue conversar.

DRIELE FARIAS DOS SANTOS
A VIDA NO RITMO DAS MARÉS
SÃO JOÃO DA PONTA, PARÁ

A pescadora Driele Farias dos Santos, 38 anos, é de uma família de 12 irmãos e aprendeu desde cedo, com a mãe, dona Josefa, a conhecer o manguezal e a dele tirar o seu sustento. "Minha mãe ajudou meu pai a nos criar indo para o 'mangal' todo dia. Com oito anos, eu já ia com ela e fui vendo ela trabalhar", conta Driele, que vive na localidade de Porto Grande, município de São João da Ponta, região nordeste do Pará.

A rotina de quem trabalha no manguezal começa muito cedo. Às 6 h, Driele já está na canoa, com cinco irmãos. É o começo de uma jornada que só vai terminar cerca de dez horas depois. "Eu adoro o manguezal, temos a nossa sabedoria de trabalhar nele de acordo com a natureza, mas é muito cansativo", afirma, e explica como homens e mulheres têm técnicas diferentes para conseguir "tirar" o caranguejo das tocas. Depois, conta como é a vida regida pelas marés, na Reserva Extrativista de São João da Ponta.

Cristina Serra – Como vive uma mulher que trabalha no manguezal?
Driele Farias dos Santos – Aqui, todo mundo tem que se ajudar. Eu tenho um filho pequeno, Apolo, de dois anos, que eu deixo com a minha irmã, e a minha mais velha, Caroline, de 13 anos, vai para a escola. Às seis horas da manhã, a gente pega a canoa. Somos três irmãs e três irmãos sobrevivendo da pesca e do caranguejo. A gente leva nossa comida e fica o dia inteiro no mangue. Ou, quando não leva a comida de casa, leva a nossa linha, pesca e assa um peixe ou cozinha o caranguejo.

C.S. – Como é que você cata o caranguejo na lama? Parece ser um trabalho muito difícil.
Driele Farias dos Santos – Aqui a gente não cata o caranguejo. A gente fala que "tira" o caranguejo. As mulheres trabalham numa área mais seca do mangue. Quando a gente chega no mangue, a gente desce de dois em dois. Cada dupla trabalha numa área. É bom trabalhar assim porque a gente divide o trabalho, tem companhia e dá mais segurança também, principalmente para nós, mulheres, é sempre bom ter alguém por perto. Caminhamos muito no manguezal. Da beirinha do rio até onde tiramos o caranguejo é quase um quilômetro, passando por cima das raízes. Isso cansa muito. E depois, faz o mesmo caminho de volta até o barco.

C.S. – Como é que você consegue pegar o caranguejo?

Driele Farias dos Santos – Eu aprendi a pegar no laço, com a minha mãe. A gente prepara a armadilha e vai colocando em cada buraco. É um pedaço de pau bem fininho com um laço de náilon na ponta. Aí, finca o pau na boca do buraco e quando o caranguejo sai, ele se enlaça. No dia seguinte, a gente volta e ele está lá preso no laço. As mulheres não afundam a perna na lama. Mesmo assim, a gente tem que ir protegida. Tem um sapato de pano para não furar o pé na raiz. E a luva, com um material emborrachado. Antes, o caranguejo feria muito a nossa mão. Ele tem a unha muito amolada e a nossa mão ficava cheia de buraco. A gente também tem a "laceira", uma sacolinha para levar os nossos laços e a nossa garrafa com água.

C.S. – O caranguejo capturado fica na armadilha até o dia seguinte quando você volta para recolher?

Driele Farias dos Santos – É, mas a gente perde muito caranguejo porque tem a competição dos bichos que gostam de comer o caranguejo. O guaxinim, o quati, o gavião, o macaco. Se a gente arma uns 200 laços por dia, o guaxinim vem e come uns 60. Ele devasta, come tudo. E a gente não pega o caranguejo em todos os laços porque o laço também falha, às vezes. Dos 140 que sobram, vamos dizer, pegamos uns 100. O macaco também come caranguejo. Arranca o laço e vai jogando fora. Quando tem caranguejo, ele come. Quando não tem, joga fora o laço do mesmo jeito e desfaz a armadilha. É um macaco preto, grande, que adora comer o nosso caranguejo.

C.S. – Então as mulheres "tiram" o caranguejo com a técnica do laço? É diferente do que os homens fazem?

Driele Farias dos Santos – Os homens pegam pelo "tapa". Eles é que metem a mão no buraco, vão enfiando a lama no buraco até ele ficar bem entupido de um jeito que não tem como o caranguejo vir para a superfície. Eles esperam uns 15 minutos e aí metem a mão e pegam, antes dele morrer.

C.S. – Como é que você transporta os caranguejos? Imagino que carregar de 100 a 150 animais deva ser muito pesado.

Driele Farias dos Santos – Essa parte é cansativa mesmo. Primeiro, a gente "deslaça" um por um e já refaz a armadilha para capturar outro e recolher no dia seguinte. E vai botando nos sacos de plástico. A gente carrega no máximo 60 ou 70 caranguejos, que já é bem pesado e difícil porque tem muita raiz pra atravessar. Tem que andar, às vezes, um quilômetro passando por cima das raízes. Com muito caranguejo pra carregar, tem vez que deixamos para pegar no dia seguinte. Fazemos vários furinhos no saco para ele respirar e como o mangue é fresquinho, eles aguentam bem até o dia seguinte. Deixamos o saco atrás das árvores e pegamos depois.

C.S. – Quanto você ganha por um dia de trabalho no manguezal com o caranguejo?

Driele Farias dos Santos – A gente vende o caranguejo por unidade, a R$ 1,50. Se num dia eu vendo 100 caranguejos, faço R$ 150,00. Mas não é todo dia que isso acontece. Tudo depende do tamanho do caranguejo. Quanto maior, melhor o preço. A gente vende para o atravessador, o "marreteiro". É ele que leva o caranguejo para vender em Belém. Agora, estão tentando criar uma associação de marisqueiras. Acho que isso pode valorizar mais o nosso trabalho se a gente conseguir vender o nosso caranguejo diretamente. Talvez a gente ganhe mais.

C.S. – Que mais você tira do manguezal, além do caranguejo?

Driele Farias dos Santos – O manguezal é o meu sustento. A gente tem dois períodos de maré, o "lanço" e a maré "morta". O "lanço" é quando a maré entra toda no mangue, ela fica imensa, é quando dá a lua cheia. No "lanço", é quando o guaxinim vem comer o nosso caranguejo. A maré "morta" é quando a maré não entra no mangue. Sempre tem o que pescar no manguezal. Aqui tem o tamaru, que parece um camarão ou uma lagosta pequena, do tamanho do dedo indicador. Ele mora dentro do barro na beira do igarapé. A gente amassa os buracos com os pés até ele sair do buraco. Tem também o "turu", que dá no pau que cai no barro. A gente corta o pau, tira e come. O "turu" é como se fosse uma larva. A sopa dele é uma delícia. E a gente tem os nossos pesqueiros. Quando a gente vem cedo do mangue, para no pesqueiro. Pescamos peixe-pedra, pescada, piaba, bandeirado. O manguezal é um berçário de muitas espécies, que vêm desovar aqui, a tainha, o bagre. Tem tudo no mangue. E a gente trabalha respeitando a reprodução das espécies.

C.S. – Tem o período em que vocês não podem "tirar" o caranguejo. Como vocês se sustentam nessa época?
Driele Farias dos Santos – A gente não "tira" o caranguejo no período da "andada", que é quando ele sai da toca para acasalar e se reproduzir. Isso acontece em algumas semanas dos meses de dezembro, janeiro, fevereiro e março. É uma época difícil porque nós não recebemos o seguro defeso. O que a gente recebe é o Bolsa Família. Mas tem também a nossa roça, fazemos a farinha, de tudo fazemos um pouco e vendemos para o nosso sustento.

C.S. – De todas as suas atividades produtivas, de qual você gosta mais?
Driele Farias dos Santos – O que eu gosto mais é de ir para o manguezal. Como eu disse, é cansativo, tem suas consequências, a gente sofre da coluna. A minha mãe mesmo ralha com a gente, que a gente não devia trabalhar no mangue como ela porque ela sofreu muito. Teve reumatismo e parou de trabalhar no mangue. Mas eu gosto. Nós fomos criados vendo a natureza, a gente se adaptou, me sinto mais perto da natureza quando estou no mangal. Mas não quero que minha filha trabalhe como eu, não. Nem ela quer. Ela me diz que quer fazer uma faculdade e me dar uma vida melhor. Eu também quero e, com o meu trabalho no mangal, vou conseguir que ela continue os estudos.

ALEXANDRE ANDERSON DE SOUZA
A RESISTÊNCIA DOS HOMENS DO MAR
BAÍA DE GUANABARA, RIO DE JANEIRO

Um dos mais famosos cenários de cartão-postal do Rio de Janeiro é o palco das batalhas diárias do pescador Alexandre Anderson de Souza, 52 anos, fundador da Associação dos Homens e Mulheres do Mar da Baía de Guanabara (Ahomar). No ofício há 26 anos, Alexandre é testemunha dos impactos dos grandes empreendimentos no entorno da baía. São atividades industriais que restringem cada vez mais as áreas para a pesca artesanal e que aumentam a poluição das águas e dos manguezais, criando um ambiente de conflitos, violência e tensão para os pescadores.

A atuação de Alexandre em defesa do meio ambiente desenhou um alvo nas suas costas. Ele já sofreu atentados e teve que viver fora do Rio de Janeiro, incluído no Programa de Proteção aos Defensores de Direitos Humanos. Ainda hoje, necessita de escolta policial diante das ameaças que recebe. O risco de perder a vida, contudo, não o afastou do lugar que é o seu lar e onde exerce o ofício passado de geração em geração na sua família. Conhecedor dos manguezais da baía, Alexandre Anderson faz um alerta que soa como um grito de socorro: "O manguezal é um ser vivo e a baía é uma divindade pra nós. Se tirar a baía dos pescadores, a gente adoece e morre".

Cristina Serra – Como e por que você se tornou pescador?
Alexandre Anderson de Souza – Minha vocação vem da alma, do sangue. Eu era criança e meu pai me levava para pescar. A gente ia para a praia da Ilha do Fundão e também para a praia de Ramos, na baía de Guanabara no estado do Rio de Janeiro. Ele tinha um prazer muito grande de levar o peixe pra casa. Era um exímio nadador, pescava de tarrafa e de puçá, para pegar siri. Ele falava muito do meu avô, que foi pescador em Portugal, numa comunidade na Ilha da Madeira. Ele mergulhava para catar lagosta e mariscos. E da parte da família da minha mãe, sou descendente de indígenas. Por isso, digo que o mar sempre esteve comigo.

C.S. – Você escolheu trabalhar no mar desde cedo?
Alexandre Anderson de Souza – Antes de ser pescador artesanal profissional, eu estudei contabilidade e trabalhei numa empresa de cargas da antiga União Soviética, que operava no Brasil. Até aprendi a falar um pouco de russo e a empresa queria me levar pra lá. Mas eu nunca quis ficar longe da minha família. Em 1997, eu já tinha um filho e vim morar com meus pais perto da praia de Mauá, em Magé. Meu cunhado era pescador e me convidou para trabalhar com ele.

C.S. – Foi seu reencontro com o mar?

Alexandre Anderson de Souza – Eu me reencontrei na relação homem e natureza. Senti que meu lugar é ali, na pesca embarcada. Aprendi a fazer rede, a pescar com turbulência no mar, fazendo muita força. Tive oito pneumonias (risos). Mas gosto de sentir o vento, tudo isso me atraiu muito. Foi quando casei, em 2001, e comecei a sustentar minha nova família com a pesca. Tinha dias que eu ficava mais tempo no mar do que em casa. A gente não é somente pescador, a gente é homem do mar. Na nossa atividade, dependendo da época do ano, no inverno, por exemplo, a gente fica mais tempo no mar. E também porque a poluição nos obriga a ir cada vez mais longe para conseguir pescar o mínimo para nosso sustento. O grande vazamento de óleo da Petrobras, em janeiro de 2000, foi terrível pra nós e até hoje a baía sofre o impacto desse derramamento. Lembro do meu barco, o *Luzia*, todo sujo de óleo.

C.S. – Como pescador há 26 anos, como avalia a importância dos manguezais para a pesca?

Alexandre Anderson de Souza – O manguezal é crucial pra nossa sobrevivência. Mais de 70% do pescado da região metropolitana do Rio de Janeiro vem da baía de Guanabara. Se com toda a poluição a baía ainda é produtiva, é por causa do manguezal. O maior manguezal do Rio de Janeiro é o da Área de Proteção Ambiental (APA) de Guapimirim, que é a parte mais preservada da baía. Duque de Caxias também tem área de manguezal. O pescador sabe que o manguezal é como o pulmão e o coração do ser humano. O pulmão porque o mangue oxigena a água. O coração porque ele recebe muitas espécies. Tem camarão, siri, corvina, robalo, arraia, caçonetes, tudo graças ao manguezal. Às vezes, o boto vem beirando o manguezal e entra nos rios. Ele vem para comer e muitas espécies vêm para se reproduzir. A segurança alimentar do pescador são as espécies estuarinas. O décimo terceiro salário do pescador é a pesca do camarão.

C.S. – Como está a situação dos manguezais, hoje, em volta da baía de Guanabara?
Alexandre Anderson de Souza – O manguezal é uma vegetação muito sensível e em muitas áreas da baía está morrendo. Nós temos o mangue-preto, o cinza, o vermelho e o branco, cada um com suas características. O vermelho é o mais alto, exuberante e o mais comum na baía. O camarão cinza desova no mangue. Se não tiver mangue, não tem camarão. Robalo, piraúna, pescada-amarela, corvina, caranguejo, siri-açú, tudo vem pro mangue ou vive no mangue. É o nosso sustento, a nossa vida e a nossa história. Nós, homens e mulheres do mangue, temos nosso cordão umbilical na baía de Guanabara. No passado, se tirava madeira do manguezal de maneira sustentável para fazer lenha, cerca e curral de pesca, que é uma arte inventada pelos indígenas e que ainda existe na baía. Com o passar do tempo, a retirada de madeira foi proibida e hoje os cercados de peixe são feitos com eucalipto.

C.S. – Quais são as maiores ameaças hoje aos pescadores da baía de Guanabara e ao manguezal?
Alexandre Anderson de Souza – São várias ameaças, muitas intervenções humanas e grandes empreendimentos em volta e dentro da baía — principalmente a atividade petrolífera — que suprimem muita área de mangue. A maior ameaça é a supressão. Tem mais de 40 linhas de dutos *offshore* na baía. Para instalar os dutos, tem que suprimir área de mangue. O Comperj (Complexo Petroquímico do Estado do Rio de Janeiro, concebido pela Petrobras, teve as obras interrompidas em 2015) suprimiu mais de 20 hectares de mangue. Tem uma outra ameaça, que são as barragens a montante dos rios, de captação de água para vários fins: irrigação de área agrícola, consumo humano e lazer. Quando a água volta para o rio, ela traz o veneno usado na plantação e a água vai chegar no manguezal e na baía cheia dele. Outro problema é o fundeio irregular. Os navios jogam fora a água de porão e usam a baía como latrina. São muitas empresas poluidoras. A gente vê muita presença de óleo e materiais químicos e plásticos, como copos, sacos, sacolas que deveriam ser biodegradáveis, mas estão inteiros no mar.

C.S. – Você criou a Ahomar, em 2007, e tem uma atuação forte de denúncia contra empresas poluidoras. Desde então, sofreu atentados e até hoje precisa de proteção policial. Como é viver sob risco de perder a vida?

Alexandre Anderson de Souza – Tentaram me matar seis vezes e em duas conseguiram me balear, mesmo com escolta. Em 2010, fui alvejado com um tiro e quase morri. Um dos policiais que me dava proteção também foi baleado. Em 2012, recebi um alerta de que sofreria outro atentado e fomos retirados às pressas da nossa casa. Entramos no Programa de Proteção aos Defensores de Direitos Humanos, do Governo Federal. Meu codinome era "Pescador". Eu e minha família largamos tudo, de uma hora pra outra. Passamos sete anos fora, morando em vários lugares diferentes. Em alguns lugares, nós tínhamos que sair porque os moradores do prédio não queriam ter por perto alguém que poderia ser morto. Diziam que a nossa presença botava todos à nossa volta em risco. É muito ruim viver assim. Éramos sete pessoas da minha família vivendo um exílio forçado. Depois de sete anos fora, eu pedi pra voltar. Voltamos pra Magé em julho de 2019 e foi quando retomei a luta. A minha saída daqui foi uma facada na luta ambiental porque saí num momento em que estávamos tendo muitos avanços contra as empresas poluidoras. Com a ajuda do Ministério Público Federal, nós entramos com cerca de 40 ACPs (Ação Civil Pública) e conseguimos parar obras poluidoras. Hoje, eu continuo sob escolta policial.

C.S. – Por que você quis voltar mesmo com risco à sua vida?

Alexandre Anderson de Souza – Em 2011, me ofereceram visto especial para defensores, para morar fora do Brasil. Mas eu nunca quis viver longe da minha família e sou turrão. Que espécie de homem seria eu se eu não pudesse fazer algo pelo meu próximo? Não quero ser mártir, mas a baía é a minha paixão. Se eu não puder trabalhar nela será como morrer aos poucos. Também se mata um homem de tristeza. Eu tenho cinco netos, o mais velho, de 14 anos, já pesca comigo. A minha história está no mar. Se você tira o pescador do mar, você tira ele da sua história. Na nossa luta, em todos esses anos, nós já perdemos quatro companheiros. Dois foram mortos a tiros e dois estão desaparecidos até hoje. A Ahomar é a última linha de resistência na baía de Guanabara. É uma resistência involuntária. A gente não escolheu, mas a gente tem que lutar. E o dia que eu me for, eu vou estar no mar.

TRADUÇÃO PARA O INGLÊS [TRANSLATION INTO ENGLISH] CURRÍCULOS [RESUMÉS]

THE MANGROVE AND US

Alexander Turra

The mangroves are precious. However, despite the growing efforts of the scientific community, their beauty and value remain largely unappreciated. One of the main initiatives to raise awareness of their role in nature was the book *The Mangrove and Us,*[1] published in the late 1980s, which laid the foundations for reconciling society with this important marine environment. Written by Marta Vannucci, a professor at the Oceanographic Institute of the University of São Paulo and a pioneer researcher on this subject in Brazil and around the world, the book aimed at translating the complexity and vulnerability of mangroves for a layperson audience and, in doing so, raise awareness worldwide of the need for a vigorous movement to preserve them.

"What is so special about mangroves?" In an article published in 2001 in the *Brazilian Journal of Biology,*[2] Vannucci tried to answer this question, repeatedly posed to her by different people. Despite the clarity and forcefulness of that text and the countless educational and scientific dissemination actions that ensued,[3,4] this message remains restricted to the academic environment. This publication aims to take on the challenge of expanding the reach of that message.

This effort is in line with an international movement geared toward generating knowledge about and sustainability of the marine environment, which has been strengthened by the establishment of the United Nations Decade of Ocean Science for Sustainable Development (2021–2030).[5] In addition to a clean, healthy, resilient and productive ocean, the Decade strives for it to be inspiring and engaging, and for society to take action in favour of its sustainability. Established in 2017 at the Ocean Conference held in New York, the Decade aims to contribute to the implementation of Sustainable Development Goal 14, Life below Water, of the United Nations 2030 Agenda for Sustainable Development[6] and to produce the science we need for the ocean we want. And this transformation will only happen if this knowledge floods society.

To fulfil this role, the storyline presented here has considered different aspects that pervade this iconic environment. In particular, the book has sought to portray the superlative nature of Brazilian mangroves, stretching from north to south along more than 10,000 kilometres of coastline. Brazil is home to the second largest area of mangroves in the world and the largest continuous stretch of mangroves on the planet which, as well as providing a source of income, guarantees food security for millions of people and help combat climate change. But equally significant and growing are the social and economic problems that need to be understood and tackled, as they threaten the rich biodiversity of this ecosystem and the benefits it provides to people.

Talking about the attributes and adversities of Brazilian mangroves has become possible because Brazil has been the scene of an increasing amount of research into understanding and conserving them. Advances in knowledge about the biodiversity, functioning and importance of mangroves, as well as the threats they face, have recently been presented in the book *Brazilian Mangroves and Salt Marshes,*[7] the result of a wide-ranging study of Brazilian biodiversity conducted as part of the Brazilian Marine Biodiversity series by the Unesco Chair for Ocean Sustainability[8] and the Brazilian Network for Monitoring Coastal Benthic Habitats (ReBentos).[9] Despite the value and strength of this academic movement, this knowledge still lacked an appropriate channel for a more in-depth dialogue with society.

This book is therefore set against that backdrop, which it uses to make this contribution, sharing with society the beauty and relevance of mangroves still seen by so few. The work portrays Brazil's lush mangroves from different angles and perspectives, ranging from the critical view of scientists to an anthology of those who live off the mangroves.

Penned by renowned scientists, the publication first takes a historical approach. Professor Arthur Soffiati, from the Universidade Federal Fluminense, illustrates the changes in the perceived importance of this environment from the early colonial period to the present day. The story that follows, written by Professor Marília Cunha Lignon, from Universidade Estadual Paulista, considers the definition of a mangrove and constructs a comprehensive narrative of how its physiognomy varies along the Brazilian coast. The significance and various benefits that this environment provides for people are revealed and exemplified by geographer Cláudia Câmara do Vale, a professor at the Universidade Federal do Espírito Santo. An important research group on mangroves, based at the Universidade do Estado do Rio de Janeiro and led by Professor Mário Luiz Gomes Soares, investigated the diverse threats that human activities impose on this sensitive environment. Although it indicates a critical scenario, the current state of environmental degradation provides the basis for thinking about the future of mangroves, and the first part of the book concludes with a call to action and a message of hope from biologist Flávia Rebelo Mochel, a professor at the Universidade Federal do Maranhão.

Considering the growing commitment to raise the profile and highlight the traditional knowledge of peoples of the sea, the second part of this book presents testimonies from women and men who live in the mangroves, who live off the mangroves, who are the mangroves. The dialogues with Nego da Pesca, from the municipality of Serra in Espírito Santo, Eliete Paraguassu da Conceição, from Ilha de Maré in Bahia; Pedro Belga, from Guanabara Bay, in Rio de Janeiro; Driele Faria dos Santos, from São João da Ponta in Pará, and Alexandre Anderson de Souza, also from Guanabara Bay, were transcribed by journalist Cristina Serra and validated by the narrators themselves, forming highly lucid and forceful accounts which recognise the value of the mangroves and the need to fight for their survival.

And to consolidate and deepen the message that this publication intends to convey, the book has been richly illustrated by photographer, documentary maker, oceanologist and diver, Enrico Marone. With sensitivity, focus and vision, the iconographic perspective adds materiality, nuances and contours to the words brought by the scientists and the people of the sea, composing a clear, strong, and unequivocal message. Mangroves are beautiful and important and need to be preserved, as do the people who depend on them.

As part of the Ocean Decade Collection, this publication aims to broaden knowledge about this environment and echo efforts to conserve it, to build a higher and more sustainable relationship between the mangrove and us.

1 Vannucci, M. 1989. *The Mangrove and Us: a Synthesis of Insights*. New Delhi: Indian Association for the Advancement of Science.

2 Vannucci, M. 2001. What is so special about mangroves? *Revista Brasileira de Biologia*, 61:599–603. Available at https://doi.org/10.1590/S1519-69842001000400008.

3 Instituto Chico Mendes de Conservação da Biodiversidade. 2018. *Atlas dos manguezais do Brasil*. Brasília: ICMBio. Available at https://www.gov.br/icmbio/pt-br/centrais-de-conteudo/atlas-dos-manguezais-do-brasil-pdf.

4 Oceano sem mistérios — desvendando os manguezais. Available at https://www.fundacaogrupoboticario.org.br/pt/Biblioteca/Paper%20-%20Oceano%20sem%20mist%C3%A9rios.pdf.

5 IOC/UNESCO. 2020. *The Science We Need for the Ocean We Want: the United Nations Decade of Ocean Science for Sustainable Development (2021–2030)*.

6 UN. 2015. Transforming our World: The 2030 Agenda for Sustainable Development. Available at https://sdgs.un.org/sites/default/files/publications/21252030%20Agenda%20for%20Sustainable%20Development%20web.pdf.

7 Schaeffer-Novelli, Y.; Abuchahla, G.M.O.; Contrón-Molero, G. 2023. Brazilian Mangroves and Salt Marshes. In: Turra, A. (Ed.). *Brazilian Marine Biodiversity Series*. New York: Springer Nature. 2023. Available at https://doi.org/10.1007/978-3-031-13486-9.

8 Available at https://catedraoceano.iea.usp.br.

9 Available at www.rebentos.org.

PRESENTATION
Alfredo Nastari

Perhaps one of the richest and most important marine ecosystems, the mangrove is an environment in need of rescue and appreciation, which is being achieved through the growing knowledge and preservation efforts made by researchers and society as a whole.

Mangroves provide us with important services — they are a nursery for marine life, an abundant source of food, an efficient sink for atmospheric CO_2, a fertiliser for the oceans and a natural barrier that protects the coastline against extreme events. But perhaps because it was an environment unknown to the colonisers, since mangroves only occur in the tropics, it has been mistreated and improperly occupied throughout history.

This was the case with the mangroves of Recife, the first to succumb to major urban intervention: Maurício de Nassau's Mauritsstad. True to the Dutch tradition of establishing cities on low-lying land, the count drained the mangrove swamp that surrounded the town of Recife with dykes and canals, landfilled it and installed bridges to build his city of Maurícia, sparking a process of occupation that continues to this day.

Or even in Rio de Janeiro, from the time of the court of Dom João VI, who, unaccustomed to the exuberant tropical landscapes, began to devise a way of landfilling the Guanabara Bay mangroves. To put this idea into practice took a few decades and the investment of João Evangelista de Souza, the Baron of Mauá, who, in 1860, already during the Second Empire, finally inaugurated the Mangue canal. This waterway ran between Quinta da Boa Vista and the Imperial Palace, and its operating concession was conditioned to draining all the land bordering the canal within two years. Today, it is estimated that Rio de Janeiro's urban sprawl has occupied 64% of the original mangrove coverage in Guanabara Bay.

More recently, in the 19th and 20th centuries, the mangroves of the Baixada Santista have been occupied by the largest port complex in Latin America, the Port of Santos, and a series of private terminals that require extensive areas for their logistics operations, and by the installation of a petrochemical and steel plant that for decades has discharged untreated effluents into the environment. In this case, in addition to the physical destruction of vast areas of mangroves and Atlantic Forest, there was unprecedented environmental contamination, which culminated in Cubatão boasting the title of the most polluted city in the world in the 1980s. Nevertheless, and despite the reversal of this sad reality, the Baixada Santista has lost 10.6 km^2 of mangroves in the last 20 years.

Unlike tropical forests such as the Amazon or the Atlantic Forest, mangroves lack charisma and, consequently, public sympathy. They don't even have the colourful exuberance of a coral reef, which charms the audiences of sea life documentaries shown on TV and streaming channels. This discreet appearance actually hides fabulous organisms that reveal the success of an evolutionary process that has allowed life to flourish in such an extreme environment. Sometimes dry, sometimes flooded by the sea. Sometimes salty, sometimes bathed by the river.

As well as being a lush, essential marine ecosystem, the mangrove has also been the foundation of thriving traditional coastal communities, which have lived in its shadow, creating a cultural landscape based on ancestral knowledge. These are entire communities of crab and shellfish gatherers and artisanal fishermen who know better than anyone else how to extract food and sustenance from the mangrove in perfect balance with its natural cycles. These peoples descended from indigenous and quilombola groups, caiçaras and caboclos who, unlike the European colonisers, possessed perfect knowledge, understanding and harmony with the mangroves. And who built up a whole way of life, with their beliefs, music, dances, cuisine, techniques, boats, fishing gear and everything else we call a culture. And who, contrary to the popular notion of common sense, are not just poor people with no alternative, but rather a population proud of their environment and way of life, as witnessed by Cristina Serra's interviews at the end of this book.

*

The publication of this book represents, to a large extent, the revival of the mangrove as one of the most beautiful and rich marine ecosystems and as a cultural landscape that is the heritage of all Brazilians. It contains a comprehensive view of the mangrove and the crossroads at which we find ourselves: preserve or perish.

Through Enrico Marone's sensitive lens, we penetrate the mangroves to discover the beauty and poetry that lies in this environment; through the precise texts of its many authors, we learn about the mangrove in all its dimensions and, above all, the stressors that threaten our more than 12,000 km^2 of remaining mangroves in the country.

But above all, the book seeks a new perspective on the mangrove, going against common sense, to show the reader an invaluable natural wealth that we need to pass on to future generations.

THE MANGROVES IN BRAZILIAN HISTORY

Arthur Soffiati

When they arrived on the shores of the Brazil to-be in 1500, the Portuguese did not find any prized spices of India or coveted precious metals, as the Spanish had in their conquests of America. In terms of commercial value, only the brazilwood caught the eye. The Portuguese, Spanish, French, English and Dutch progressively introduced a market economy to these new places, marking a big change from the subsistence economy of the original peoples. Whereas the latter lived off extraction activities, the Europeans produced in order to accumulate capital. With the gradual incorporation of American lands into a world economy from 1492 onwards, the process known today as globalisation began to take hold in the early 15th century with the great ocean explorations.

For the first 30 years after the arrival of Pedro Álvares Cabral's fleet, Brazil remained on the fringes of the major trade routes because it had no established production structure, as was the case in the eastern lands along the African coast and in the Indian Ocean. However, the frequent presence on the Brazilian coasts of other European peoples, notably the French, as well as corsairs and pirates, to trade with the indigenous people, and the discovery of gold and silver by the Spanish in their American domains led the Portuguese Crown to begin colonising the territory through hereditary captaincies. This involved the cultivation of sugar cane to produce sugar, a product that was widely accepted on the European market, through the enslavement of black Africans.

The earliest known report on Brazilian mangroves was written by José de Anchieta in a letter from 1560,[1] but he fails to mention any economic use of this ecosystem. Pero de Magalhães Gândavo,[2] a Portuguese historian and chronicler who visited the captaincies of Ilhéus, Bahia, and possibly São Vicente, also wrote about the mangroves, collecting information and writing his works between 1558 and 1572. Gabriel Soares de Sousa, a farmer and businessman, in his *Tratado descritivo do Brasil* [*A Descriptive Treatise of Brazil*] of 1587, described the mangrove plants and the names that the native peoples gave them, such as the *sereíba*, a tree that provided good firewood and timber for building houses and mills, as well as feeding crabs with its leaves, or the *canapaúba*, the branches of which stretched down to the substrate, forming so-called anchor roots which would secure the plants in the muddy soil and allow for oyster encrustation. He was, of course, referring to the *siriba, siribeira* or *siriúba of* the genus *Avicennia*, and the red mangrove, of the genus *Rhizophora*, respectively.[3]

Also from the 16th century are the testimonies of the Frenchman André Thevet, who described trees at the river mouths into the sea entirely laden with oysters that were eaten by the natives,[4] and Fernão Cardim, whose imaginative account mentioned trees with excellent firewood and wood, the bark of which was used to make ink for tanning leather. In the mangroves, he noted, lived mosquitoes, crabs, oysters, large rats — probably the black rat [*gabiru*] — and parrots. The most common crabs, according to Cardim, were the *uçá*, which sustained the Indians and the slaves, and the *guanhumig* or *guaiamum*, so big that "a man's leg fits in its mouth; they are good to eat; when there is thunder, they come out of their holes, and make such a racket knocking into each other, that people have been known to come out to meet them armed, as it sounded like enemies were arriving."[5] Cardim made the pertinent observation that the *guaiamum* lived on the edge of the mangroves, while the *aratu* preferred to climb the trees. The dozen or so species of these "so numerous and so healthy"[6] crustaceans listed by Cardim were used as food by the indigenous people.[7]

In the final decade of the 16th century, the English privateer Anthony Knivet, who was a prisoner of Salvador Correia de Sá, known as "the old man", reports that he spent three months on the seashore pulling crabs out of deep holes.[8] At that time, the Guanabara Bay was rich in healthy mangroves teeming with marine life.

Historian Sérgio Buarque de Holanda argues that Europeans used indigenous technologies to deal with unknown ecosystems in the early days of colonisation.[9] The observation is applicable to the mangroves: poor whites and black slaves learnt to forage there from the indigenous peoples.

In the 17th century, Europeans increased their knowledge of nature and the native peoples of Brazil. The French missionary Claude d'Abbeville, working in Equinoctial France, a colony founded in Maranhão in 1614, came across the mangrove ecosystem, already known to his compatriots who had visited France Antarctique, established in Rio de Janeiro the previous century. In his notes, d'Abbeville referred to the plants unique to this ecosystem as *apparituriers* (keepers), which, according to him, formed an excellent defensive barrier for Maranhão. The list of crustaceans from the region that the chronicler surveyed is also detailed, highlighting the *uçá*, *aratu* and blue crabs.[10] Originally from Bahia, Friar Vicente do Salvador wrote a history of Brazil published in 1627, mentioning some of the molluscs and crustaceans that lived in the mangroves, as well as their appearance: "along the sea there are great forests of mangroves, some straight and slender from which they make these fences and rafters for the houses, others whose roots shoot down to the side from the branches and from them other branches shoot up, which then spout other roots from above, and so they go on, from branches to roots, and from roots to branches, until they cover a vast area, which is a thing of wonder."[11] But it was with Dutch rule in the Northeast between 1630 and 1654, especially under Mauritz van Nassau (1637–1644), that studies and representations of the mangrove became more in-depth. Nassau came to Brazil accompanied by artists and naturalists. The first known pictorial representation of the mangrove — until then described only in words — was by the painter Frans Post. An engraved version of the oil on canvas entitled *View of Frederiksstad in Paraíba*, from 1638, which today belongs to a private collection, was published by Caspar Barlaeus in 1647 in the famous book *História dos feitos recentemente praticados durante oito anos no Brasil* [*Rerum per octennium in Brasilia et alibi gestarum*], which deals with Nassau's administration of the Brazilian northeast.[12]

In his observations included in Wilhelm Piso's 1648 book, *História natural do Brasil* [*Historia Naturalis Brasiliae*] one of the most respected scientists of Nassau's court, the astronomer, cartographer and naturalist George Marcgrave briefly described the mangrove.[13] Piso, however, recognised popular knowledge and described plants in his *História natural e médica da Índia Ocidental* [*De Indiae utriusque re naturali et medica*], finding them useful for human life. He reported, for example, that the *siribeira* tree expelled salt through its leaves and with two or three of them you could salt a soup; with the bark of the *cereibuna* (probably the white mangrove, *Laguncularia racemosa*), fishermen made ropes; while the red mangrove, illustrated in the edition

1 Anchieta, J. 1989. *Carta fazendo a descrição das inúmeras coisas naturais, que se encontram na província de S. Vicente hoje S. Paulo. Cartas inéditas*. Rio de Janeiro: Fundação Getúlio Vargas/ Instituto de Documentação.

2 Gândavo, P.M. 1979. *Tratado da Terra do Brasil, no qual se contém a informação das cousas que há nestas partes*. Cadernos de História, vol. 1. São Paulo: Parma.

3 Sousa, G.S. 1938. *Tratado descritivo do Brasil em 1587*. 3rd ed. São Paulo: Nacional.

4 Thevet, A. 1978. *Singularidades da França Antártica*. Belo Horizonte; São Paulo: Itatiaia; Edusp.

5 Cardim, F. 1925. *Tratados da terra e da gente do Brasil*. Rio de Janeiro: J. Leite & Cia., p. 92.

6 Ibidem.

7 Cardim, F. 1980. *Tratados da terra e gente do Brasil*. Belo Horizonte; São Paulo: Itatiaia; Edusp.

8 Knivet, A; Hue, S. (Ed.). 2007. *As incríveis aventuras e estranhos infortúnios de Anthony Knivet*. Rio de Janeiro: Zahar. Original version: The Admirable Adventures and Strange Fortunes of Master Anthony Knivet, which went with Master Thomas Candish in his Second Voyage to the South Sea, 1591. *Hakluytus Posthumus or Purchas His Pilgrimes*, XVI. Glasgow 1906. Facsimile edition available at: http://international.loc.gov/cgi-bin/ampage?collId=rbdk&fileName=d0404//rbdkd0404.db&recNum=75&itemLink=r%3FintldI%2Frbdkbib%3A%40field%28NUMBER%2B%40od1%28rbdk%2Bd0404%29%29&linkText=0.

9 Holanda, S.B. 2014. *Monções e capítulos de expansão paulista*. São Paulo: Companhia das Letras.

10 Abbeville, Ce. 1975. *História da missão dos padres capuchinhos na ilha do Maranhão e terras circunvizinhas*. Belo Horizonte; São Paulo: Itatiaia; Edusp.

11 Salvador, V., frei. 2010. *História do Brasil*. Edition revised by Capistrano de Abreu. Brasília. Senado Federal, p. 78.

12 Corrêa do Lago, P. & Corrêa do Lago, B. 2006. *Frans Post [1612–1680]. Obra completa*. Rio de Janeiro: Capivara.

13 Marcgrave, G. 1942. *História natural do Brasil*. São Paulo: Museu Paulista.

with propagules, produced fruit that was eaten by crabs, while its root was used to cure the bites of the poisonous *niqui* fish.[14]

Still in the 17th century, a conflict broke out in Rio de Janeiro between the city's residents and the Jesuits, caused by a dispute over mangroves, as shown by Vieira Fazenda[15] and Vivaldo Coaracy.[16] The Jesuits seized mangrove areas and prevented the locals from using them. The city council appealed to the king of Portugal in 1677. The residents argued that it would be better to hand over the city to the religious group once and for all than to prevent the use of the mangroves, because daily life would be infeasible without them. After all, the mangrove trees were used to make rafters and frames for houses, and almost everyone used this wood; they provided firewood for domestic purposes and to fuel ships, and their ash was used in the sugar mills located in the deep recess of the bay of Rio de Janeiro.

The representatives of the population claimed that there had never been any restriction imposed by the state or the Church on felling mangrove trees and that the city had grown with the energy and raw materials that came from this ecosystem. No reference was made to the animal extractivism practised by poorer sections of society. The Portuguese monarchy found in favour of the inhabitants, arguing that the tidal areas belonged to the royal government.

In 1711, Father André João Antonil published *Cultura e opulência do Brasil [...]*, a work that would become a valuable document on Brazilian colonial economy and society. Living in Bahia, he demonstrated the economic importance of the mangrove to rich and poor alike. For the wealthy, it was essential since the white mangrove firewood was used in mills and potteries. For the poor, it provided food, which is why the priest pointed to a conflict of interest between the two sides. Antonil was perhaps the first to observe that cutting down mangroves caused the death or disappearance of animals.[17]

Throughout the 18th century, Bahia was the scene of conflicts of interest over mangroves. The governors sometimes sided with the owners of mills and tanneries, sometimes with the fishermen and gatherers, as attested by the vast official correspondence. The grand document of that century was the Royal Charter of 1760 issued by D. José, king of Portugal, allowing the felling of only red mangrove trees from which the bark had already been extracted to be used by tanneries, which thus condemned them to death. The decision benefited this activity because trees with bark that could still be exploited would not be cut down, but it also protected the population that sought food in the mangroves, because the felled area would be smaller.[18]

The opening of the harbours in 1808 by prince regent D. João de Bragança, facilitated the entry of European naturalists into Brazil. One of them was Prince Maximilian zu Wied-Neuwied, a German naturalist who organised a scientific expedition along the coast from Rio de Janeiro to Salvador between 1815 and 1817.

In his lengthy book, *Viagem ao Brasil*[19] [*Reise nach Brasilien in den Jahren 1815 bis 1817, 1820*], the mangroves featured very little, suggesting that Europeans were more interested in getting to know the majestic Amazon and Atlantic forests. In Bahia, in 1817, Wied-Neuwied noted that the entire coastline was covered in mangroves, notably the *Conocarpus* and *Avicennia* genera, with bark that tanneries heavily exploited with the use of numerous slaves. This activity suggests a considerable investment of capital and substantial profitability, including the promotion of the slave trade and earnings from the extensive sales of tanned leather.

It is noteworthy that Wied-Neuwied, like all 19th century naturalists, already treated plants and animals using the binary nomenclature created by Linnaeus. Thus, species were no longer seen in isolation, but rather grouped together by family connections. He also observed that the mangroves of southern Bahia sustained pottery owners and that fishermen opposed the extraction of mangrove trees for firewood because they depended on this ecosystem. The prince even noted that the fishermen had taken their complaints to the Portuguese government, then installed in Rio de Janeiro.

In 1817, the priest, geographer and historian Manuel Aires de Casal published *Corografia Brasílica*, an account of the mangrove in the style of colonial chroniclers. The description leaves a lot to be desired when compared with some of those previously produced.[20] On excursions in the Guanabara Bay and its tributaries in 1816, the English merchant John Luccock took several notes on mangroves, an environment he tended to regard as fetid and infectious.[21]

Shortly afterwards, in 1818, the French naturalist Auguste de Saint-Hilaire travelled along the coasts of Rio de Janeiro, Espírito Santo and southern Brazil.[22] Both he and Luccock recorded the high levels of fish in mangrove areas, without, however, relating animal productivity to the presence of mangroves.

Following Brazil's Independence in 1822, two phases are often incorrectly identified: First Empire and Second Empire, corresponding to the two monarchs. In truth, there was only one empire with two reigns until the proclamation of the Republic in 1889. In the first (1822–1831), the presence of the German naturalists Johann Baptist von Spix and Carl Friedrich Philipp von Martius is noteworthy. In his monumental work *Flora Brasiliensis*, Martius dedicated a page to the mangroves of Ubatuba, São Paulo, calling them an admirable maritime forest of viviparous trees, but he drew attention to the unpleasant odours that came from the pasty, putrid mud. Martius already distinguished the functions of mangroves as we understand them today but disregarded their importance to the poor communities. He only saw their economic value for construction, tanning and medicine.[23]

Two more German naturalists visited Brazil and documented the mangroves in the 19th century. The first was the physician Robert Avé-Lallemant, who travelled to southern and northern Brazil. In the bay of Camamu, in Bahia, he spotted several stretches of coastline that were entirely flat and covered in lush mangroves. With his report *Viagem pelo Norte do Brasil em 1859* [*Reise durch Nord-Brasilien im Jahre 1859*], Lallemant helped spread the idea in Europe that the tropical environment induced indolence. In his view, the inhabitants of the coast and surrounding mangrove swamps were encouraged to be lazy by the ease with which they could obtain food.[24] The second was the naturalist Hermann Burmeister, who published three works about his journey through Brazilian lands. He crossed the Guanabara Bay in 1850, heading for the mountain region of Rio de Janeiro and Minas Gerais, and noted the presence of mangroves and crabs.[25]

The Brazilians Francisco Freire Alemão, Emílio Joaquim da Silva Maia and Pedro Soares Caldeira also deserve special mention. Alemão described the mangroves of Ceará, highlighting the button mangrove (*Conocarpus erectus*), which experts considered a species associated with mangroves, but not typical of that ecosystem.[26] Maia linked the integrity of the mangroves to public health.[27] Nevertheless, Caldeira, a journalist, was the most incisive of all. Self-taught, he vehemently condemned the uprooting of the mangroves in the Guanabara Bay, identifying the aggressive actions against this ecosystem as the cause of epidemics and the endemic nature of yellow fever, as well as a factor in the decline in fishing activity. While the Imperial Government turned its attention to the Tijuca Forest, Caldeira complained about the abandonment of the mangroves, which were so important to the fishermen.[28]

In the period of the Brazilian Republic, the voices that defended the mangroves and their use in accordance

14 Piso, G. 1957. *História natural e médica da Índia Ocidental*. Rio de Janeiro: Instituto Nacional do Livro.

15 Vieira Fazenda, J. 1940. Antiqualhas e memórias do Rio de Janeiro. 2nd ed. *Revista do IHGB*, 88(142).

16 Coaracy, V. 1965. *O Rio de Janeiro no século 17*. Rio de Janeiro: José Olympio.

17 Antonil, A.J. 1976. *Cultura e opulência do Brasil por suas drogas e minas*. São Paulo; Brasília: Melhoramentos; INL.

18 Soffiati, A. 2006. *O manguezal na história e na cultura do Brasil*. Campos dos Goytacazes: Faculdade de Direito de Campos.

19 Wied-Neuwied, M. 1989. *Viagem ao Brasil*. Belo Horizonte; São Paulo: Itatiaia; Edusp.

20 Aires de Casal, M. 1976. *Corografia Brasílica*. Belo Horizonte; São Paulo: Itatiaia; Edusp.

21 Luccock, J. 1975. *Notas sobre o Rio de Janeiro e partes meridionais do Brasil*. Belo Horizonte; São Paulo: Itatiaia; Edusp. Originally published under the title *Notes on Rio de Janeiro, and the Southern parts of Brazil; taken during a residence of ten years in that country, from 1808 to 1818, published in 1820*.

22 Saint-Hilaire, A. 1936. *Viagem à Província de Santa Catarina (1820)*. São Paulo: Companhia Editora Nacional; *Viagem pelo Distrito dos Diamantes e Litoral do Brasil*. 1974. Belo Horizonte; São Paulo: Itatiaia; Edusp; *Viagem ao Espírito Santo e Rio Doce*, 1974. Belo Horizonte; São Paulo: Itatiaia; Edusp. Originally appeared between 1830 and 1851 edited by different publishers under the title *Voyages dans l'intérieur du Brésil*.

23 Martius, C.F.P.; Eichler, A.G. (Urban, Ignatius, iisque defunctis successor). *Flora Brasiliensis Enumeratio Plantarum in Brasilia Hactenus Detectarum*. S/l: s/d.

24 Avé-Lallemant, R. 1961. *Viagem pelo norte do Brasil no ano de 1859*. 2 vols. Rio de Janeiro: Instituto Nacional do Livro.

25 Burmeister, H. 1980. *Viagem ao Brasil*. Belo Horizonte; São Paulo: Itatiaia; Edusp. Originally published in 1820 under the title *Reise nach Brasilien*.

26 Alemão, F.F. 1961. Papéis da expedição ao Ceará: viagem a Vila Velha e Barra do Ceará. In: Damasceno, D. & Cunha, W. (Orgs.). *Anais da Biblioteca Nacional*, vol. 81.

27 Maia, E.J.S. 1835. *Discurso sobre os males que tem produzido no Brasil o corte das matas e sobre os meios de os remediar*. Rio de Janeiro: Tipografia Fluminense de Brito & Comp.

28 Caldeira, P.S. 1884. *O corte do mangue. Breves considerações sobre o antigo e atual estado da Baía do Rio de Janeiro, consequências da destruição da árvore denominada mangue, método bárbaro da pesca e decadência desta indústria*. Rio de Janeiro: Tipografia Imp. & Const. de J. Villeneuve & C.

with their characteristics became more frequent, but still largely fell on deaf ears in government. Hermann Luederwaldt, zoology assistant at the Paulista Museum of the University of São Paulo (USP), brought to light a rich study of the mangroves of Santos, the first major work on them to be produced in Brazil. He recorded animal extraction activities by traditional communities.[29]

In a Botanical Geography course at the National Museum in Rio de Janeiro in 1932, Alberto José de Sampaio, a biologist who pioneered conservationism in the country, did not consider mangroves to be a uniquely Brazilian ecosystem, given their wide distribution throughout the tropics. Although he was one of the scientists who renewed science in Brazil, in his work he showed no concern for the communities that lived off the mangroves.[30] This concern was expressed by botanist Frederico W. Freise at the First National Fishing Congress, held in Rio de Janeiro in 1934. He alerted the scientific community to the importance of mangroves for fishing activities. His idea about this ecosystem was very similar to that held today.[31] However, the expert's report that assessed his thesis, formulated by anatomist João Moreira da Rocha and zoologist Cândido Firmino de Melo Leitão, was very conservative. The former considered that Freise was rambling rather than proposing, adding little to deepen the recognition of mangroves as a valuable reservoir for ichthyofauna and source of tannin useful for industries. Rocha proposed that the government allowed trees to be cut down for industrial purposes 40 metres from the banks of the bodies of water where they grow in order to maintain a significant buffer strip. Melo Leitão, meanwhile, suggested aid for the installation of industrial plants to make use of the biological studies of *Rhizophora* for the purposes of protection and exploitation, as well as for using the central cylinder in paper pulp.

It was only in the 1970s that mangroves came to be seen as ecosystems. The pioneering work carried out by scientists such as James Gilbert Watson, Pierre Dansereau, F.E. Egler and V.J. Chapman encouraged a group of foreign and Brazilian researchers to almost exclusively investigate this environment throughout the tropical zone. From the late 1960s onwards, notable contributions from the ecologist Ariel Lugo, S. C. Snadeker, William MacNae (zoologist), P. Barry Tomlinson (botanist) and G. E. Walsh, to name but a few, enriched our knowledge of mangroves to an extraordinary degree. Representing a kind of link between foreign and Brazilian researchers, marine biologist Gilberto Cintrón-Molero has a vast body of work associated with both. Among Brazilians, one of the first consistent works on mangroves was by the botanist Antonio Lamberti. In the 1970s, there was a proliferation of researchers dedicated to understanding mangroves. Among them, Yara Schaeffer-Novelli and Marta Vannucci have spent several decades in the field of biological oceanography, with an emphasis on coastal ecosystems. Vannucci has studied mangroves in Brazil, Mexico and India. A number of important contributions have come to light as a result of painstaking research by a constellation of scientists that is growing day by day.

The majority of scholars reveal, even between the lines, a soft compatibilism, which only admits in mangroves artisanal practices for subsistence or commercialisation, animal extractivism, ecotourism and beekeeping, and a hard compatibilism, defending forestry, aquaculture and agriculture, without forgetting traditional extractive activities.[32]

Only recently has the voice of the low-income classes of society, whether they live in and around mangroves or not, been heard without intermediaries. Since the 1970s, unhealthy mangrove swamps have become ecosystems acclaimed for their biological productivity; their inhabitants have been stripped of the garb of deserving commiseration and have become dignified people. The "mud people", as they are called, certainly have a past and history that has not been duly documented.

During this period, the mangroves and the "mud people" were discovered by segments of the scientific community, prompting the publication of several papers and the organisation of events in various parts of Brazil. In the 1990s, a non-governmental organisation called Mundo da Lama [World of Mud] was founded in Rio de Janeiro and began sponsoring national and regional environmental education meetings in mangrove areas. The events were guided by two principles: the meetings had to take place all along the Brazilian coast where there were mangroves, preferably in small or medium-sized towns; and representatives of traditional communities that live entirely or partly off mangroves had to partake in these events.

However, traditional communities of mangrove gatherers and fishermen made up of descendants of indigenous and *quilombola* groups, *caiçaras*, *caboclos* and women throughout Brazil are under threat from the globalised market economy. Under pressure from trade, these communities are abandoning their traditional methods of harvesting and resorting to predatory methods. Others remain in mangrove areas, but seek activities outside it. There are even low-income individuals who settle near mangroves and make money from their destruction, as in the Macaé river in the state of Rio de Janeiro. These are former small farmers and breeders or urban workers who, lured by the illusion of jobs at companies, have migrated to urban areas and failed to enter the labour market, which made them vulnerable and subject to extreme poverty as well as the influence of drugs, prostitution and weapons trafficking.[33]

The mangrove exists regardless of human beings. However, it is mentally represented by the economic systems and cultures to which it is known. For the economy of Asians, Africans and Americans prior to European domination, it was seen as an environment populated by supernatural entities, which still survive to this day in some parts. In addition to these concepts, mangroves were and are a source of resources for these peoples.

The market economy, however, can threaten the integrity of the ecosystem, seeing it as an obstacle to be removed in the name of development. This concept pervades the globalised world. In Africa, mangroves are giving way to cities and property developments. In Asia, they are being converted into forestry and shrimp farming projects. In tropical America, they are also being suppressed and converted into shrimp farms. In Brazil, the Coastal Zone is poorly protected by the Forest Code and the Atlantic Forest Law, as one would expect from the latter, since the Coastal Zone is understood to be part of the Atlantic Forest. Hence the necessary complementation represented by Conama Resolutions 302 and 303, which were revoked by former Environment Minister Ricardo Salles. The revocation was overturned by the Supreme Court.

On the other hand, the mangrove ecosystem has been given a new lease of life by the scientific community, since it has a high capacity to store gases that cause climate change. Due to its scientific value and because it serves a subsistence economy, as well as its tourist and educational potential, projects to revitalise this ecosystem are being conceived all over Brazil, although they are still being met with resistance from conservative forces. It is hoped that the mangrove areas will be recognised with their true dimension, including the incorporation of the salt flats (*apicum*), currently excluded from the ecosystem by the Forest Code.

29 Luederwaldt, H. 1919. Os manguezais de Santos. *Revista do Museu Paulista*, tomo XI. São Paulo: Diário Oficial.
30 Sampaio, A.J. 1945. *Fitogeografia do Brasil*, 3rd ed. São Paulo: Companhia Editora Nacional.
31 Freise, F.W. 1934. *A importância da conservação dos mangues como viveiros de peixes*. Congresso Nacional da Pesca, 1°. Rio de Janeiro: Ministério da Agricultura/Divisão de Caça e Pesca.
32 Soffiati, 2006. Op. cit.
33 Soffiati, A. 2004. Da mão que captura o caranguejo à globalização que captura o manguezal. *Anais do II Encontro da Associação Nacional de Pós-Graduação e Pesquisa em Ambiente e Sociedade*. Indaiatuba.

MANGROVE ECOSYSTEMS AND FORESTS AND THEIR ADAPTATIONS

Marília Cunha Lignon

Mangroves are one of the richest, most important and fascinating ecosystems on the planet. They develop in transitional areas between the terrestrial and marine environments, also known as estuaries, creating a unique landscape full of life. In English, the term "mangrove" can be used to refer to the "mangrove ecosystem", with its biotic components, including flora and fauna, and abiotic components, such as the types of sediment, variable salinity and tidal range that influence the countless living beings that inhabit it. On the other hand, it can also refer to the typical arboreal vegetation that forms "mangrove forests" and creates the conditions for an intriguing variety of organisms to flourish, from fish that swim among the roots at high tide to crabs, tiny invertebrates and microorganisms that live associated with the sediment.

What makes mangrove ecosystems so special is their ability to survive and thrive in an extreme and variable environment. The sediment is muddy and accumulates a large amount of organic matter, the decomposition of which consumes oxygen and reduces the pH of the water in the interstices of the sediment grains. Furthermore, mangrove biota is exposed to the intense sunlight of tropical and subtropical regions and strong coastal winds, both of which are mitigated by the broad canopy of the mangrove trees. Mangroves are also subject to the constant influence of the tides. The daily tidal variations related to the lunar cycles result in drastic changes in the salinity conditions, but also in the availability of water, oxygen and food. This is because some mangrove organisms are submerged during high tides and emersed during low tides.

At low tide, the mangrove substrate is exposed to the air and the organisms reduce their activity to cope with the difficulty of carrying out gas exchanges and feeding. Many animals that live in mangroves breathe using the oxygen in the water, so when the tide is low they are unable to exchange gases. Similarly, some organisms, such as oysters, remove their food from the water by filtration, which is impossible when they are exposed to the air. At such times, these creatures close themselves up in their shells to retain their moisture and not dry out. But there are other ways in which biodiversity relates to the movement of the tides. Some species of crab climb trees at high tide to escape predators and descend to the mud at low tide to feed.

The varied adaptations that have allowed the components of this ecosystem to live under such challenging conditions have emerged from a remarkable evolutionary process over the course of millions of years. Mangrove vegetation is known for its unique structural and functional adaptations that allow it to survive in this environment. These adaptations include:

- Exposed respiratory roots, called pneumatophores. Parts of the roots of some trees display negative geotropism, that is, they protrude out of the oxygen-starved mud so that the plant can oxygenate its underground portions. These structures work like snorkels for breathing out of the water or, in this case, out of the sediment.
- Exposed supporting roots, called prop roots. Extensions of the tree stem that look more like roots or inverted candelabras, helping the trees to settle and secure themselves into muddy, unstable soil.
- Salt gland. Mechanism for actively removing salt from seawater that is absorbed by plants, such as that found in leaves that excrete salt on their surface.
- Unique reproductive strategies. These plants are capable of producing reproductive structures, known as propagules, which are naturally buoyant, bear a large reserve of nutrients and can be carried by the tides for great distances until they find a suitable place to settle and grow.

In Brazil, there are three genera of typical mangrove vegetation (*Rhizophora*, *Laguncularia* and *Avicennia*), with six species: red mangrove (*Rhizophora mangle*, *Rhizophora harrisonii* and *Rhizophora racemosa*); white mangrove (*Laguncularia racemosa*), and black mangrove (*Avicennia schaueriana* and *Avicennia germinans*).[1] The common name in Portuguese of each species can vary from region to region in Brazil. Plant species associated with mangroves also occur and diversify the landscape, such as the button mangrove (*Conocarpus erectus*), mangrove fern (*Acrostichum aureum*) and salt-water cordgrass (*Spartina alterniflora*).

As regards mangrove fauna, different animals occupy distinct compartments of this ecosystem. Birds nest in the tree canopies, where they also rest and look down in search of fish to prey on. The ringed kingfisher (*Megaceryle torquata*) and the green kingfisher (*Chloroceryle americana*) can be spotted on the edge of the mangrove waiting patiently and diving to catch their meal. Mangrove trunks serve a variety of purposes for several types of mollusc: the mangrove oyster (*Crassostrea brasiliana*) use them as a habitat; shipworms (also known as *teredo* worms, *Teredo* spp.) as shelter; and the mangrove root crab (*Goniopsis cruentata*), for example, cling on to them as they wait for the tide to go out. Between the roots of the mangroves, a plethora galleries of swamp ghost crabs (*Ucides cordatus*) can be found. Other species are sporadic visitors and enter the mangrove at high tide, such as the puffer fish (various species of the Tetraodontidae family).[2] On the banks of the mangroves, manatees (*Trichechus manatus*) and green turtles (*Chelonia mydas*) search for food. Black mangrove propagules form part of the green turtle's diet.[3]

Each organism that composes the mangrove, whether a typical mangrove plant or an associated plant or animal, settles in a part of the mangrove ecosystem, forming zones along the intertidal region, from the portion closest to the estuarine channels to the highest areas, which are flooded by the sea only in extreme tidal conditions, called syzygy tides. This zoning is a characteristic aspect of the mangrove ecosystem and leads to the formation of highly distinctive landscapes, but which are an inseparable part of this ecosystem.

The landscape known in Brazil as *lavado* (intertidal zone) is the seaward stretch of the mangrove, most often "washed" by the tides. It is made up of mud or sand banks that are exposed at low tide, where one finds the *Spartina* genus. This undergrowth vegetation interlinks muddy areas and plays a key role in promoting sediment retention and preventing mangrove erosion, but it also provides shelter and food for numerous marine and estuarine species, such as manatees. It is in this zone that great egrets (*Ardea alba*), snowy egrets (*Egretta thula*), scarlet ibis (*Eudocimus ruber*), roseate spoonbills (*Platalea ajaja*) and numerous fiddler crabs (*Uca* spp.) feed. All along the coast where there are mangroves, the vegetation performs an important supporting function, contributing to the settlement and establishment of mangrove propagules. In the south of Brazil, where mangroves do not grow due to the cold climate, *Spartina* and other herbaceous plant species, such as grasses and succulents, adapted to the variation in salinity, occur on the shores of bays, lagoons and estuaries and form salt marshes — a highly productive and developed ecosystem in temperate and subtropical zones. At high latitudes, salt

1 ICMBio, 2018. *Atlas dos Manguezais do Brasil*. Brasília: Instituto Chico Mendes de Conservação da Biodiversidade, 176 p.

2 Ibidem.

3 Gama, L.R.; Domit, C.; Broadhurst, M.K.; Fuentes, M.M.P.B.; Millar, R.B. 2016. Green turtle Chelonia mydas foraging ecology at 25° S in the western Atlantic: evidence to support a feeding model driven by intrinsic and extrinsic variability. *Mar Ecol Prog Ser* 542:209–219.

marshes replace mangroves and offer similar ecosystem services such as shelter, protection and food for the rich fauna of birds, fish and crustaceans.

The landscape described as mangrove forest is home to typical tree species, above all the red mangrove which, with its characteristic inverted candelabra structure, balances on the most unstable stretches, marked by microchannels and extremely soft sediment. In this zone resides the greatest diversity of fauna, including animals that use the mangrove for most of their life cycle and those that sporadically visit the mangrove to feed. Where the sediment is more consolidated, farther from the waterline, black and white mangroves appear. The button mangrove and mangrove fern can settle in sandier stretches less subject to tidal flooding.

The *apicum* landscape (salt flat) is affected least by tidal flooding and is where the sediment is sandy, dry and with a large build-up of salt due to evaporation of the water from the rare tides that wash over it. There are no trees in this landscape, only shrubs, such as those of the *Salicornia*, *Sesuvium* and *Sporobolus* genera. In the *apicum*, fiddler crabs (*Uca* spp.) thrive on the sand, while swamp ghost crabs (*Ucides cordatus*) and blue land crabs (*Cardisoma guanhumi*) also burrow. At first glance, this landscape may seem ecologically unimportant, but it is rich in food and is fundamental to mangrove dynamics, especially in future scenarios of rising sea levels. However, despite this significance, the *apicum* has been severely threatened by its use for shrimp farming and salt evaporation ponds.

Mangroves are special because they provide numerous ecosystem services, benefiting human populations all over the planet. They provide food and protection for numerous animal species, many of which spend a phase of their life cycle there. And several of these animals are important fish stocks that generate employment and provide food security for communities both near to and far from the coastal zone.[4] It can be said that mangroves shelter, protect and provide part of the food that reaches our tables. They also reduce the effects of climate change by removing CO_2 from the atmosphere and storing it in their trunks, leaves, roots and soil — known as blue carbon. Moreover, they protect the coastal zone from erosion and extreme events such as storms and tsunamis. They are also recreational areas, where tourists enjoy the scenery and practice amateur fishing, an activity that boosts the economy of coastal municipalities with preserved mangroves. Amateur fishermen fish for snooks, a highly prized fish that spends the beginning of its life protected by mangrove roots.

DISTRIBUTION OF MANGROVES IN THE WORLD AND IN BRAZIL

Mangrove ecosystems occur in tropical and subtropical regions in two large portions of the world. One of them is located between the Indian and Pacific Oceans, stretching from the Indian Ocean east coast of Africa to Polynesia in the western Pacific Ocean (Indo-West Pacific region). The other comprises the Atlantic and Pacific coasts of the Americas and the Atlantic coast of Africa (Atlantic East Pacific region). Although ocean currents "carry" the floating propagules in directions dictated by the Earth's rotation and differences in the density of the water masses, these sites are poorly connected because there are a number of obstacles to the dispersal of mangrove plants. Low temperatures are limiting factors and continents act as physical barriers to the ocean currents. This explains the differences in species diversity between these regions. The Indo-West Pacific region is home to around 60 typical and associated mangrove plant species and is where mangrove plants originated. In the second region, which includes Brazil's mangroves, there are between three and 15 of mangrove tree species. But less diversity does not equate to less importance. The benefits of the mangroves for humanity are basically the same, whether they are mangrove forests with three or 60 plant species.

Mangroves occur in the coastal regions of 104 countries. As it cannot survive in cold regions, this ecosystem is absent from the temperate and polar regions of the planet. The most recent assessment of the global status of mangrove forests, produced by researchers from China and the United States, counted a total mangrove area of 145,068 km^2.[5, 6] These data highlight Asia, with 39%, the Americas and the Caribbean with 30%, Africa with 19% and Oceania with 12% of the area covered by mangroves worldwide. Among the countries with the largest expanses of mangrove forests, Indonesia leads the way (28,631.43 km^2), followed by Brazil (12,148.80 km^2) and Australia (10,529.92 km^2). These figures show that Brazil has 8.4% of all the mangroves on the planet.

In Brazil, mangroves are an ecosystem associated with the Atlantic Forest biome in the Northeast, Southeast and South regions, forming part of ecological corridors that integrate continental and marine environments. However, they are not necessarily associated with that biome. In the North, where there is no Atlantic Forest, there is a striking mangrove presence. The largest continuous belt of mangroves in the world is found along the coast in the North region of Brazil, stretching down to the state of Maranhão. It covers 7,424 km^2 and represents roughly 61% of all Brazilian mangroves.[7]

Mangroves occur along most of the Brazilian coastline, from Oiapoque (04°09'N), in the state of Amapá, to Laguna (28°28'S), in the state of Santa Catarina. Along this vast expanse of the Brazilian coast there is visible variation in the extent of the areas occupied and in the structural development of the mangrove trees, considering, for example, differences in the height and diameter of the tree trunk and the dominance of different plant species. Of the 26 Brazilian states,[8] 17 are coastal and 16 have mangroves.

Just as the landscapes change along the Brazilian coast, mangroves present different physiognomies from north to south. These variations result from the interaction of oceanographic conditions (warm and cold sea currents and tidal regimes, with different amplitudes), geomorphological conditions (landform and geological compositions of the coasts), climatic conditions (temperatures) and hydrological conditions (presence of rivers with contributions of nutrients and sediment), which set the tone and govern the diversity of mangrove forests in each stretch. One might say that mangrove ecosystems respond to the environmental factors to which the different regions of the Brazilian coast are exposed, which elements are fundamental to understanding the variations in the mangrove forests.

At the northernmost latitudinal extreme, one finds the six species of mangrove that occur in Brazil and the most fully developed trees, which reach up to 40 metres tall. At the southernmost point of occurrence, meanwhile, in Laguna, there is only one mangrove species (white mangrove, *L. racemosa*), with less-developed trees, that have a smaller trunk diameter and are no taller than 3 metres. The lack of mangroves to the south of Laguna is due to the air and sea water temperatures being below the tolerance level for these species to grow.[9]

The characteristics of mangroves in the North, Northeast, Southeast and South of Brazil and the factors responsible for these configurations are presented below.

North

This stretch of the Brazilian coast is home to the largest mangrove trees in the country, ranging from 20 to 40 metres in height. These are the Amazonian mangroves. Everything is big in this region: excessive sun, heat, mud and a broad tidal range. These factors all favour the mangroves' development. The coastal zone in the North of the country is subject to the influence of the Guiana Current,

4 UNEP. 2014. *The Importance of Mangroves to People: A Call to Action*. Van Bochove, J.; Sullivan, E.; Nakamura, T. (Eds.). Cambridge: United Nations Environment Programme World Conservation Monitoring Centre, 128 p.

5 Jia, M.; Wang, Z.; Mao, D.; Ren, C.; Song, K.; Zhao, C.; Wang, C.; Wang, Y. 2023. Mapping global distribution of mangrove forests at 10-m resolution. *Science Bulletin*, 68:1306–1316.

6 To calculate this area, the researchers used high-resolution images from the Sentinel-2 satellite. Each image square or pixel measured 10 x 10 m. Previous estimates used medium-resolution Landsat satellite images (30 x 30 m), with less detail and consequently less precise information.

7 Nascimento Jr., W.R.; Souza-Filho, P.W.M.; Proisy, C.; Lucas, R.M.; Rosenqvist, A. 2013. Mapping changes in the largest continuous Amazonian mangrove belt using object-based classification of multisensor satellite imagery. *Estuarine, Coastal and Shelf Science*, 117:83–93.

8 This does not include the Federal District, which together with the states make up the country's 27 federal units.

9 Alvares, C.A.; Stape, J.L.; Sentelhas, P.C.; Gonçalves, J.L.M.; Sparovek, G. 2013. Köppen's climate classification map for Brazil. *Meteorologische Zeitschrift*, 22(6):711–728.

which carries warm waters from east to west, from Rio Grande do Norte in the Northeast to Amapá in the North. In this region, where everything is immense, the hypertidal range can reach above 6 metres and the macrotidal between 4 and 6 metres,[10] which exerts a major influence on the salinity in more inland parts of the coast and increases the connectivity between the terrestrial and marine environments. This landscape, dominated by vast coastal plains and extensive mud flats, is where the densest and most developed mangroves are found. The Amazon River carries sediment to the coast, fuelling the expansion of the coastal plains. On this stretch of equatorial coastline, the humid tropical climate provides heat and plenty of rain all year round. The mangroves of the North harbour a huge variety and quantity of fauna, such as shipworms (*Teredo* spp.), blue land crabs (*Cardisoma guanhumi*), four-eyed fish (*Anableps anableps*) and birds like the scarlet ibis.

Northeast

In this region, the mangroves stretch from Maranhão to Bahia. The area is bathed by two characteristically warm currents: the Guiana, as described above, and the Brazil Current. The latter follows the Brazilian coast along its entire Atlantic side, from Rio Grande do Norte to the south of the country. The geomorphology of the Northeast is marked by the Formação Barreiras, with large cliffs of coloured sediments and few expanses of coastal plains, unlike in the North, which do not allow for the development of very large mangroves. The macrotidal and mesotidal ranges (with an amplitude between 2 and 4 metres) dominate the northeastern coast, where mangrove trees can reach between 12 and 18 metres in height. The São Francisco and Parnaíba are its largest rivers, but there are also several small temporary rivers that allow for the growth of mangrove areas. In Piauí, which has the smallest stretch of coastline in the country, measuring just 66 kilometres long, the Paranaíba river delta is a prominent feature in the landscape, sheltering mangroves and its exuberant fauna, including large groups of scarlet ibis. In the Northeast, there is also the only mangrove forest on an oceanic island, located in the Sueste Bay on Fernando de Noronha, Pernambuco state, which has only a small but important white mangrove forest. The mangroves of the Northeast are home to a very special species of fish, the Atlantic Goliath grouper (*Epinephelus itajara*), which has been considered critically endangered since 2006.[11] This species breeds in the mangroves and its young use the ecosystem as a place to shelter and feed.

Southeast

The Southeast is characterised by the Serra do Mar mountain range, which stretches from the state of Rio de Janeiro to the north of the state of Rio Grande do Sul (approximately 29°40'S). Some parts of the Serra do Mar are closer to the coastline, where small beaches surrounded by headlands embellish the area, limiting the possible favourable areas for mangrove formation. But when it moves away from the shore, it allows for the emergence of bays and estuaries, where large areas of mangrove ecosystem develop. In this – the most populous and economically developed – region of the country, mangroves suffer the numerous consequences of a lack of coastal planning. Unfortunately, these areas are also the site of ports, such as Vitória Bay in the state of Espírito Santo, Guanabara Bay in the state of Rio de Janeiro and Santos Estuary in the state of São Paulo, where the country's largest ports have been built, generating negative impacts on mangroves, such as the reduction and fragmentation of mangrove forests and chemical and solid waste pollution. In terms of hydrological dynamics, the Doce and Paraíba do Sul rivers are the bodies of water to flow into this region of the coast and the microtidal range, which bathes the coastal areas, varies between 0.5 metres and 2 metres. The mangrove trees can grow to heights of between 10 and 16 metres. In the south of the state of São Paulo (Southeast region) and the north of the state of Paraná (South region), Lagamar is worth highlighting. This region is home to an extensive area of highly productive mangroves (46,392 ha or 0.46 km^2), located in lagoon channels called the Cananeia Sea and the Iguape Sea, and in the bays of Guaraqueçaba, Paranaguá and Guaratuba. A curious inhabitant, the raccoon (*Procyon cancrivorus*), comes down from the forests of the Serra do Mar and forage the mangroves for crabs, its favourite food. Their footprints and faeces full of crab skeleton fragments can be seen in the mangrove mud when the tide is out.

South

In the South of the country, the cold-water Falkland Current is a major feature. It moves up the coast of Argentina, Uruguay and the south of Brazil, cooling the coastal zone. Cold environments are not favourable for the development of mangrove trees, as is the case in the Brazilian state of Rio Grande do Sul, which has no mangroves. The subtropical climate is dominant in this region and as a result the mangrove trees are smaller, reaching between 3 and 8 metres in height. At the southern limit of mangrove occurrence, *L. racemosa* (white mangrove) is the only species found.[12] In the state of Rio Grande do Sul, the Serra do Mar gives way to dunes, sandy beaches and coastal lagoons in the local landscape. Were they not bathed by such cold waters, the Patos and Mirim lagoons would be suitable environments for the development of the mangrove ecosystem, as they are sheltered from sea waves.

MAGNIFICENCE AND BEAUTY FOUND IN THE MUD

The magnificence of the Brazilian mangroves reveals true treasures of nature, illustrating the resilience and adaptation of species in the face of extreme environmental conditions. However, their importance and symbolism are far from being appreciated in everyday Brazilian life. For example, few Brazilians know that their country has one of the most extensive mangrove areas on the planet. Few people realise that this is the only ecosystem that can develop in estuarine areas on our tropical and subtropical coast. Few are aware of the direct and indirect benefits they provide, which help to maintain the quality of life of human populations. This lack of understanding regarding the characteristics, importance and fragility of Brazilian mangroves is one of the reasons behind the scenario of threats and destruction that we are witnessing today.

This ignorance leads to the precarious application of legal protections for mangroves, as was the case with the attempted repeal of CONAMA (National Environmental Council) resolutions 302 and 303 in 2020, and the creation of the so-called New Forestry Code (Law no. 12,651/2012, as amended by Law no. 12,727/2012). The New Forestry Code, still in force, authorised developments in saltflats, such as the installation of structures for aquaculture with exotic shrimp species. For years this has enabled the scaling down of important mangrove features. The repeal of the CONAMA resolutions was deemed unconstitutional after a major mobilisation by part of society, including researchers, NGO groups, traditional communities and some technicians from governmental agencies.

It is clear how information and education strengthen citizens and society in general. Mangrove conservation relies on this awareness and our effective action. Healthy mangroves producing food, protecting the coast and generating leisure opportunities depend on us and we depend on the mangroves. The moment this relationship is incorporated by society, our population's well-being and health will be guaranteed.

10 IBGE. 2011. *Atlas Geográfico das Zonas Costeiras e Oceânicas do Brasil*, 177 p.

11 Meros do Brasil: https://www.merosdobrasil.org/

12 Soares, M.L.G.; Estrada, G.C.D.; Fernandez, V.; Tognella, M.M.P. 2012. Southern limit of the Western South Atlantic mangroves: Assessment of the potential effects of global warming from a biogeographical perspective. *Estuarine, Coastal and Shelf Science*, 101:44–53.

ENVIRONMENTAL AND ECONOMIC IMPORTANCE OF MANGROVES

Cláudia Câmara do Vale

Probably no other vegetation complex is as intriguing as the mangrove ecosystem. The adaptations of its plant and animal species, which allow them to dominate the landscape of the hostile environment of the tropical intertidal regions,[1] are imbued with jaw-dropping singularities. One is amazed by not only the perfect mechanisms of the mangroves that have emerged throughout evolution, but also their responses to the interactions between the forces responsible for their growth, development and regeneration. And such amazement is not without reason; living under the action of the tides and growing and settling in soil that is generally fluid, lacking in oxygen and high in salinity is no easy task.[2]

The environmental, ecological and economic importance of mangroves is related to the high rates of primary productivity that place them among the most productive systems on the planet. Their complex food chain, which begins with the leaves of trees still attached to the plant, sustains a variety of estuarine, coastal and marine life forms, involving an extraordinary number of decomposer, herbivore and carnivore species. They make a significant contribution to the fertility of estuarine and coastal waters by exporting large quantities of dissolved organic matter or matter transformed into detritus particles, which serve as food for numerous consumer organisms of high commercial value.[3]

As well as being a highly productive system that harbours and supports countless food chains, the mangrove is a nursery for myriad species. This marine habitat also provides resources and benefits free of charge to humanity, such as water purification,[4] climate regulation[5] and protection of the coastline against erosive processes and devastating weather systems, including floods caused by storm surges and tsunamis.[6] It also offers various tangible and intangible cultural services as a result of the scenic representation of nature. Nevertheless, for a long time it was seen as a foul-smelling, unpleasant and useless environment. This is a great paradox that science and society are seeking to eliminate.

WORLDWIDE MANGROVE PROTECTION

Brazil has come a long way in building legislation to protect mangroves and other ecosystems and has also signed several international conventions and treaties aimed at protecting natural resources. The Ramsar Convention on Wetlands of International Importance especially as Waterfowl Habitat[7] is a treaty to which Brazil has been a signatory since 1993, and is an example of this progress, since mangroves are considered sites used by waterfowl for feeding, breeding and resting.[8]

On the other hand, the Convention on Biological Diversity (CBD)[9] is an instrument aligned to three basic principles: the conservation of biological diversity, the sustainable use of biodiversity and the fair and equitable sharing of the benefits arising from the utilisation of genetic resources. It refers to biodiversity at three levels: ecosystems, species and genetic resources. In this context, mangroves are also highlighted due to their rich but vulnerable diversity and the goods and services they offer to society.

Although these goods and services are not fully known by society, since 2001 with the creation of the Millennium Ecosystem Assessment (MEA),[10] instituted by the United Nations, the term "ecosystem services" came into use to refer to the fundamental benefits for society generated by ecosystems in terms of maintaining, restoring or improving environmental conditions, which directly reflect on people's quality of life and well-being.[11]

In addition to the MEA, the Intergovernmental Platform on Biodiversity and Ecosystem Services (IPBES) was created in April 2012 with the aim of informing governments about the state of biodiversity, ecosystems and the services they provide, reinforcing the interface between science and politics.

Currently being implemented, the 2030 Agenda, approved in 2015 by the United Nations General Assembly for Sustainable Development, states in goal number 14: "Life Below Water, which aims to conserve and promote the sustainable use of the oceans, seas and marine resources." This chapter was written with the aim of bringing knowledge about mangroves as an estuarine, marine and oceanic resource to society as a whole, in an effort to safeguard the resources that still exist before they cross the tipping point and can no longer be recovered.

The ecosystem services mentioned above are therefore categorised into four types: supporting, regulating, provisioning and cultural.

Supporting Services

These are necessary for all the other ecosystem services, including primary production, nutrient cycling, soil formation and the maintenance of biodiversity.

The net primary production of the mangrove refers to the contribution of the different autotrophic components, excluding losses due to respiration. In the case of tree species, net productivity corresponds to the sum of the aerial and subterranean biomass (roots).

Branches, leaves, flowers, fruit and animal remains that fall to the ground make up the "leaf litter", which accounts for around a third of the primary production of a mangrove forest. In the soil, they can be remineralised through decomposition, build up there or be exported to adjacent areas, the latter being one of the most important functions of mangroves.

Nutrient cycling is the trajectory of essential elements in ecosystems, passing through biotic and abiotic components, and involving the recurrent, successive events of absorption and incorporation of nutrients by living beings and their decomposition and mineralisation. The dynamics of the litter also depend on the physiographic type of the mangrove forest.

Mangrove soils were previously thought of as "indiscriminate mangrove soils" or unconsolidated mangrove sediments. However, various studies have proven the existence of "pedogenesis", that is, soil genesis developed from marine and fluvial sediments with the presence of organic matter that occur in coastal plain regions under the influence of the sea. Depending on the decomposition of the leaf litter and water saturation, these soils can be greyish, brownish or black in colour.[12]

Each mangrove is important for maintaining the gene flow and for restoring degraded mangroves. The suppression of a particular woodland along the coast can, for example, make seedling distribution impossible and result in the loss of local biodiversity.

1 At some subtropical latitudinal points, mangroves can survive, however with less structural development of the forests, since these latitudes lack, above all, favourable climatic conditions for their full development.

2 Vale, C.C. 1999. Contribuição ao estudo dos manguezais como indicadores biológicos das alterações geomórficas do estuário do rio São Mateus (ES). Master's dissertation in Geography. São Paulo: Universidade de São Paulo, 171p.

3 Yáñes-Arancibia, A. 1987. Lagunas costeras y estuários: cronologia, criterios y conceptos para uma classificação ecologica de sistemas costeros. In: *Simpósio de Ecossistemas da Costa Sul e Sudeste Brasileira. 2: Cananéia (SP). Síntese dos Conhecimentos*, vol. 3, pp. 1–38.

4 The oceanographic processes that take place in the mangrove, such as the remineralisation of organic matter and primary production, remove excess nutrients from the water. Furthermore, the mangrove sediment stores various pollutants derived from human activities (for example, heavy metals and oil derivatives) that are thus impeded from contaminating the biodiversity and the fish stocks we consume.

5 Because mangroves have a great capacity to remove carbon dioxide from the atmosphere and store it in the structure of the plants (stems and roots) and in the sediment, they contribute to mitigating the greenhouse effect.

6 Schaeffer-Novelli, Y.; Soriano Serra, E.J.; Vale, C.C.; Bernini, E.; Rovai, A.S.; Pinheiro, M.A.A.; Schmidt, A.J.; Almeida, R.; Coelho-JR., C.; Menghini, R.P.; Martinez, D.I.; Abuchahla, G.M.O.; Cunha-Lignon, M.; Charlier-Sarubo, S.; Shirazawa-Freitas, J.; Cintrón-Molero, G. 2016. Climate changes in mangrove forests and salt marshes. *Brazilian Journal of Oceanography*, 64(sp.2):37–52.

7 The concept of wetlands in the Ramsar Convention is extremely broad, covering rivers, lakes, marshes, ponds, bogs, salt marshes and marine areas, including mangroves.

8 Instituto Brasileiro de Conservação da Biodiversidade. 2018. *Atlas dos manguezais do Brasil*. Brasília: Instituto Chico Mendes de Conservação da Biodiversidade, 176p.

9 The Convention on Biological Diversity (CBD) was established during the United Nations Conference on Environment and Development, also known as the Earth Summit, held in Rio de Janeiro in 1992, and was ratified by Brazil through Federal Decree No. 2,519 on 16 March 1998.

10 Launched in 2001, the Millennium Ecosystem Assessment (MEA), had, by 2005, gathered hundreds of experts who conducted a scientific assessment of the conditions and trends of the world's ecosystems and the services they provide. The report resulting from this assessment describes how human actions have altered ecosystems over the last 50 years and provides the scientific basis for defining actions to support the conservation and sustainable use of ecosystem services over the next 50 years.

11 Millenium Ecosystem Assessment (MEA). 2003. *Ecosystem and Human Well-Being: A Framework for Assessment*. Washington, D.C.: Island Press. Available at http://pdf.wri.org/ecosystems_human_wellbeing.pdf.

12 Prada-Gamero, R.M.; Vidal-Torrado, P.; Ferreira, T.O. 2004. Mineralogia e físico-química dos solos de mangue do rio Iriri no canal de Bertioga (Santos, SP). *R. Bras. Ci. Solo*, 28:233–243.

Regulating services

Regulating services include, for example, climate and microclimate regulation, the prevention of disease proliferation, the retention of sediment between the roots of mangrove plants, providing clean, good quality water, the storage and removal of atmospheric CO_2 and coastline stability.

It is worth emphasising the geomorphological role played by mangroves wherever they develop, since their complex root systems retain continental sediments transported by rivers and rain through surface runoff. Similarly, mangroves act as a "barrier", protecting the coastline from the erosive processes of waves, tides, coastal currents, winds and extreme weather events, safeguarding habitats and a constantly growing coastal population.

Mangroves serve the function of a biological filter, purifying the water that precipitates over the Earth's tropical regions and is carried by rivers and surface runoff towards the oceans and seas. As a regulating service, water should be highlighted as a basic resource for life, as well as an input for all economic activities; its availability represents a service inherently dependent on the regulation functions and stability of the hydrological cycle. As an abiotic and renewable resource, its supply constitutes an ecosystem service that is highly vulnerable to the impacts of the inappropriate use of soils and water bodies.

It is important to highlight the regulatory service related to the atmospheric CO_2 sequestration, since the mangrove forests of the Brazilian coast account for 8.5 % of the world's mangroves, covering an approximate area of 12.000 km^2, retaining 8.5% of the global carbon stocks that are stored both in the aerial biomass and in the soil.[13] The mangrove soil sequesters and stores 50 times more carbon than that of other tropical and temperate forests. Thus, from the point of view of global warming, mangroves play a crucial role in mitigating climate change due to their enormous capacity to sequester carbon, making them a natural carbon sink.[14]

Ever since its geological formation, the Earth has been subject to climate change, with the planet going through naturally warm (interglacial) and cold (glacial) periods in between. However, the changes that the Earth has experienced, especially since the Industrial Revolution, which began in the 18th century, have led to rapid transformations, especially in terms of rising air temperatures, related to the release of greenhouse gases (GHG) and the burning of fossil fuels.

The greenhouse effect is a natural phenomenon that can be intensified by the excessive amount of gases and pollutants released into the atmosphere in an uncontrolled manner, raising temperatures in the latitudinal regions of the planet, as well as sea and ocean levels, jeopardising the mangrove ecosystem and all its services. Not only mangroves are being affected by climate change, but the entire Earth and its biodiversity.

In certain geomorphic environments, mangroves can migrate inland as sea levels rise, but they can also fail to find colonisable environments and disappear from places where they once flourished. This migration is linked to various factors, such as the local climate, marine currents, coastal morphology, river discharge and the availability of propagules.

Provisioning services

Provisioning services refer to the supply of food, fresh water, wood for fuel, building houses and making boats, oars and fishing enclosures, as well as fibres and genetic resources.

Mangroves are one of the most productive ecosystems on the planet. It is estimated that three quarters of marine fish species of commercial interest depend directly on mangroves for their development at different stages of growth, which is one of their most important services.

Numerous surveys carried out in Brazil attest to the existence of communities that have survived and survive totally or partially on the resources extracted from mangroves.[15] These populations, be they indigenous, *quilombolas* or traditional peoples such as *caiçaras*, exist all along the coast of Brazil and they share abundant stories of surviving on the mangroves, and especially on the gathering of the swamp ghost crab (*Ucides cordatus* L.).

On the coast of Espírito Santo, in 1992, a study was carried out on the fishing and gathering communities that lived around the bay of Vitória and had learnt the craft of collecting the swamp ghost crab from the indigenous people who lived there. That year, all the crab consumed in the municipalities of what was then Grande Vitória[16] was still caught in the mangroves around the bay and some communities relied on selling the crabs to supplement their income, as well as relying on a fish and crab diet themselves.[17]

The same research investigated the importance of the existence of the teredo or shipworms (*Neoteredo spp.*),[18] a bivalve mollusc that is frequently consumed in the Salgado region of the state of Pará, where the local population attests to its unrivalled flavour. Despite its uninviting appearance, it also attracts tourists and is one of the symbols of Marajoara cuisine. Teredos, bivalve molluscs belonging to the Teredinidae family, attach themselves to mangrove wood that falls to the ground and, as they grow, build long galleries lined with limestone.

In other parts of the Brazilian coast, unfortunately, the habit of consuming shipworms, a protein-rich food, has been lost, as is the case with the traditional populations of the Espírito Santo coast. Some studies on *Neoteredo spp.* treat it as a harmful species to fishing, as it is a wood-boring species that can damage fishermen's boats.[19]

Other bivalve molluscs that should be considered as a food resource and source of income are oysters of the genus *Crassostrea* spp. Commonly found along the Brazilian coast, they grow naturally attached to the rhizophores of *Rhizophora* spp. trees. The Mandira Extractive Reserve, located in the Cananeia Estuarine-lagoon Complex on the São Paulo state coast, boasted one of the largest natural stocks of "mangrove oyster" in 2010, involving several family groups with a long gathering tradition. In the state of Santa Catarina, oysters are grown in estuarine environments with calm waters and are an important socio-economic activity, as they supply the consumer market in the south and southeast of Brazil and employ part of the labour force from the mangrove communities.[20]

Cultural services

These services refer to spiritual beliefs and relationships, aesthetic values, environmental education and scientific development, as well as the tourism provided by mangroves around the world and in Brazil. They are intangible benefits that individuals acquire, which also promote changes in people's physical and mental state by stimulating indispensable connections with nature, providing well-being and leisure.

The clay pots of Goiabeiras, in Vitória, for example, have been made for over four centuries by the Tupi-Guarani, Una and Aratu indigenous people, and represent

13 Vale, C.C.; Schaeffer-Novelli, Y.; Cintrón-Molero, G. 2023. The Brazilian Coastal Landscape: A Narrative. In: Schaeffer-Noveli, Y; Abuchahla, G.M.O.; Cintrón-Molero, G. (Eds.). *Brazilian Mangroves and Salt Marshes*, 1st ed. Heidelberg: Springer, pp. 3–23.

14 Rovai, A.S.; Twilley, R.R.; Worthington, T.A.; Riul, P. 2022. Brazilian Mangroves: Blue Carbon Hotspots of National and Global Relevance to Natural Solutions. *Frontiers in Forests and Global Change*, 4:1–11.

15 *Sambaquis* are archaeological sites made up of artificial mounds of mollusc shells built by the ancient inhabitants of the coastal plains, which can be tens of metres high and several hundred metres in diameter. They also contain lithic instruments, human bones and fragments of pottery and bones of other animals.

16 Grande Vitória comprised the municipalities of Vitória, Serra, Cariacica, Vila Velha and Viana. The latter has no mangroves.

17 Vale, C.C. 1992. Homens e caranguejos: uma contribuição geográfica ao estudo dos manguezais da baía de Vitória (ES) como fonte de alimento. 1992. Bachelor's dissertation in Geography. Vitória: Universidade Federal do Espírito Santo, 82p.

18 Aviz, D.; Mello, C.F.; Silva, P.F. 2009. Macrofauna associated with galleries of *Neoteredo reynei* (Bartsch, 1920) (Mollusca: Bivalvia) in *Rhizophora mangle* Linnaeus trunks during less rainy season in mangrove of São Caetano de Odivelas, Pará (North Coast of Brazil). *Bol. Mus. Para. Emílio Goeldi Cienc. Nat.* [online], 4(1):47–55.

19 Andrade, J. 1984. *Folclore na Região do Salgado, Pará: teredos na alimentação — profissões ribeirinhas*, 2nd ed. São Paulo: Escola de Folclore. 83p.

20 Henriques, M.B.; Casarini, L.M.; Pereira, O.M.; Machado, I. C. 2010. Estimativa da densidade do estoque da ostra de mangue, *Crassostrea* spp., na Reserva Extrativista do Mandira, Cananéia, SP, Brasil (25°S; 48°W). *Arq. Ciên. Mar*, 43(1):5–11.

an activity that has continued to this day due to the transmission of historic knowledge to the colonisers and African slaves. These took over the handling of the clay from the Vale do Mulembá[21] and the bark of the red mangrove (*Rhizophora mangle* L.), used to tan the pots and make them resistant, since the tannin contained in its bark is an astringent substance.

The craft of the Goiabeiras potters has been an intangible asset since 2002 and is a Cultural Heritage of Brazil, as listed by the National Historical and Artistic Heritage Institute (IPHAN). In addition, in 2010 it received the Best Practices Certificate, an international accolade awarded by the city of Dubai and the United Nations Human Settlements Programme.

An important set of cultural services offered by mangroves is related to ecotourism, a nature-related activity practised in many parts of the world. It represents a set of sustainable tourism principles that utilise the scenic aspects of natural landscapes, such as mangroves, which can provide income for local communities. In Brazil, although not yet widely recognised, it has become increasingly relevant as a socio-economic activity. The fact that mangroves are still used for dumping sewage and rubbish provokes a certain repulsion in society, but ecotourism is identified in several studies as an important tool for bringing this ecosystem closer to people, generating the essential bond for its maintenance and conservation.

Some of Brazil's protected areas are used for tourism, recreation, scientific research and environmental education. A good example is the Parque Estadual do Cocó [Cocó State Park], located in the municipality of Fortaleza, Ceará, which was definitively created in 2017 after discussions between civil society, the state and municipal governments and non-governmental organisations. This initiative is aimed at protecting and conserving the natural resources found there, as well as restoring the surrounding areas, offering the public contact with the mangroves. More than two kilometres of educational trails, picnic areas and boat trips on the Cocó River are provided to observe the wildlife.

Among other cultural services offered by mangroves, we can mention the mystical representations, legends and beliefs that are widespread throughout these regions. In Maragogipe, Bahia, there is the legend of Vovó do Mangue [Mangrove Grandma], a wrinkled old woman in tattered clothes who chastises and scares away those who want to harm the mangrove swamp. She is presented with cigars, brandy and garlic by the fishermen and gatherers who want her protection in the tangled mangrove forest.[22]

In Afro-Brazilian belief, Nanã Buruku is the oldest goddess among all the *orixás*, having been the first wife of Oxalá. This female *orixá* offers security and does not accept betrayal. She is considered the old goddess of water and is associated with the elderly and motherhood. Her main element is mud, the silt of rivers and seas, which is why she is related to the mangroves. In *candomblé* ceremonies she is known as Grandma, Lady of Death and responsible for the Portals of Entry (reincarnation) and Exit (disincarnation).

•

As we have demonstrated, the mangroves are not only important but also vulnerable, susceptible to various human activities. Therefore they are increasingly coming to the attention of the public authorities, the international and national scientific community and, more recently, society in general. By conserving this environment, we will protect biodiversity, guarantee environmental quality, execute economic activities that are compatible with its resilience and, consequently, we will be able to count on all the benefits that the mangroves offer, which are essential to humanity.

21 Parque Natural Municipal Vale do Mulembá [Vale do Mulembá Municipal Natural Park] is located in an area reserved for the local community, as it is one of the few places where one can find the clay used to make the pot, which is an Espírito Santo tradition.

22 Souza, C.A.; Duarte, L.F.A.; João, M.C.A.; Pinheiro, M.A.A. 2018. Biodiversidade e conservação dos manguezais: importância bioecológica e econômica. In: Pinheiro, M.A.A. & Talamoni, A.C.B. (Org.). *Educação ambiental sobre manguezais*. São Vicente: Unesp, 165 p, pp. 16–56.

THE THREATS TO BRAZILIAN MANGROVES

Mário Luiz Gomes Soares, Cláudia Hamacher, Cássia de Oliveira Farias, Filipe de Oliveira Chaves, Michelle Passos Araújo

UNDERSTANDING THE FUNCTIONING OF MANGROVES AND THEIR STRESSORS

As described in earlier chapters, mangroves in Brazil are distributed over a vast coastal region, from Laguna in the state of Santa Catarina to the Oiapoque river, Amapá, on the border with French Guiana. Therefore, as well as being exposed to different environmental conditions (oceanographic, geomorphological, climatic and hydrological), Brazilian mangroves are subject to various social, cultural, economic and political realities, insofar as the activities that lead to their degradation can vary between locations or regions.

In addition to the fact that the sources of pressure and degradation of mangroves vary from place to place, it should be borne in mind that each type of impact can influence mangroves in different ways. Hence, the first challenge to understanding how mangroves are impacted by various human activities is to learn about the organisation of the ecosystem, its structure and how it functions in its natural and conserved state. So, to understand how mangroves can be affected by the most diverse agents of pressure or degradation, defined as stressors,[1] we need to know some basic aspects: (i) the structure, dynamics and functioning of the mangrove ecosystem; (ii) the way in which the stressor acts on the mangrove; (iii) the characteristics of the stressor in question.

Firstly, we need to understand how the mangrove ecosystem is structured in its natural and conserved state. We will therefore use the "energy signature" model,[2] according to which the mangrove's organisation and functioning are controlled by drivers[3] such as solar energy, fresh water and nutrient inputs and tidal forces that, combined at different intensities, will control its attributes. Thus, mangroves subjected to high freshwater inputs, a high and constant supply of solar energy, large tidal ranges and high nutrient availability tend to achieve greater structural development. This explains why Brazil's mangrove forests are more developed on the equatorial coast, a region that covers the states of Maranhão, Pará and Amapá.

Still according to the energy signature model, the development of mangrove forests — represented by their biomass or tree height — is the result of the energy assimilated through photosynthesis minus the part of the energy spent on maintaining the structure of the forest, which corresponds to the energy lost naturally by the system. The more rigorous the environmental conditions, the greater the portion of the energy assimilated by the mangrove required for the ecosystem's maintenance and the less energy will be left over for the forest to develop. This is why, for example, mangroves located in hypersaline areas develop less, compared to mangroves subject to less salinity, as they need to spend more of the assimilated energy to separate the salt from the water in order to ensure the plants obtain the fresh water they need to survive.

With the understanding of how mangrove forests are naturally structured and controlled by environmental drivers, we can move on to understand how the stressors act differently on the mangrove. Therefore, the ecosystem can be divided into a few basic compartments: (i) the drivers presented in the energy signature model; (ii) the primary producers, represented mainly by the mangrove trees; (iii) the consumers (herbivores and carnivores); (iv) the reservoirs of water, nutrients, sediments, salts and biomass, as well as the characteristic that reflects the complexity of the ecosystem.

Based on this compartmentalisation, the stressors can be divided into five groups, depending on the point of the ecosystem upon which they act,[4] as follows:

- Group 1 . act on energy sources (*e.g.*, channelization, flood blocking by roads);
- Group 2 . act on the flow of energy into the ecosystem (*e.g.*, partial changes in hydroperiods);
- Group 3 . act by altering the vegetation cover (*e.g.*, herbivore outbreaks such as caterpillars);
- Group 4 . act by altering the reservoirs of different elements (water, nutrients, sediments and salts) or by removing part of the biomass (e.g., deforestation, fires);
- Group 5 . affect the system's metabolism, increasing energy losses (*e.g.*, chemical and thermal pollution).

Thus, the most damaging stressors to the system would be those in groups 1 and 2, since they change basic components for the structuring and functioning of the ecosystem. The damage caused by the stressors in groups 3 and 4, on the other hand, despite having a severe impact on the structure and complexity of the system, are easier to reverse, as they are not chronic and do not produce deep changes in the ecosystem's physical base and ecological conditions (topography and hydrology, for example). Finally, the stressors in group 5, although milder than those in groups 1 and 2, can cause deep and lasting changes to the ecosystem if they are related to chronic or persistent sources. All the stressors, therefore, represent additional energy drains, which are added to the energy costs of the system in its natural or conserved state.

The third aspect to be considered for understanding how mangroves can be affected by agents of pressure or degradation concerns the characteristics of the agent or stressor in question, such as: (i) type of impact (chronic or acute); (ii) intensity of stressor action; (iii) frequency and recurrence of stressor action; (iv) persistence of stressor action; (v) condition or health of the mangrove affected by the stressor; and (vi) simultaneous action of several stressors.

Mangroves are affected directly and indirectly by various human activities that take place in the coastal zone, which can be divided into three categories: (i) urbanisation — deforestation, landfills, domestic sewage discharge, garbage disposal, construction of marinas and luxury condominiums; (ii) economic activities — oil and gas production chain, shrimp farming, industrial plants, farming, salt evaporation ponds and predatory fishing; (iii) infrastructure interventions — ports and maritime terminals, thermoelectric power stations and transmission lines, dredging and alteration of watercourses, reservoirs and dams, highways and airports.

To illustrate the aspects mentioned above, some important agents of degradation of Brazilian mangroves and their effects will be exemplified below.

Urban-industrial expansion

Historically, urban expansion has been one of the main agents of degradation and loss of mangrove areas in Brazil. The occupation of Brazilian territory impacts heavily on the conservation of mangroves, since it entails a higher population density along the coastal zone, as evidenced by the censuses carried out by the Brazilian Institute of

1 For the sake of simplicity, we are using the term "stressor" to define any agent that induces or causes "stress" on the ecosystem. This influence can arise in different forms and intensities, causing anything from a loss of energy or an increase in the ecosystem's energy expenditure, restricting its development and productivity, to its disorganisation or disruption. The stressors may be of natural or anthropogenic origin.

2 For more details on the concept of "energy signature", we recommend the studies by Lugo, A.E; Brown, S.; Brinson, M.M. 1990. Concepts in Wetland Ecology. In: Lugo, A.E.; Brinson, M.; Brown, S. (Eds.). *Forested Wetlands. Ecosystems of the World*. Amsterdam: Elsevier, 527 p.; Cintron, G.; Lugo, A.E.; Martinez, R. 1985. Structural and Functional Properties of Mangrove Forests. In: D'Arcy, W.G. & Correa, M.D.A. (Eds.). *The Botany and Natural History of Panama*. Saint Louis: Missouri Botanical Garden, pp. 53–66; Lugo, A.E. & Snedaker, S.C. 1974. The Ecology of Mangroves. *Annual Review of Ecology and Systematics*, 5:39–64; Schaeffer-Novelli, Y.; Cintron-Molero, G.; Adaime, R.R.; Camargo, T.M. 1990. Variability of Mangrove Ecosystems along the Brazilian Coast. *Estuaries*, 13(2):204–218; and Twilley, R.R. 1995. Properties of Mangrove Ecosystems Related to the Energy Signature of Coastal Environments. In: Hall, C. (Ed.). *Maximum Power: The Ideas and Applications of HT Odum*. Boulder: University of Colorado Press, pp. 43–61.

3 The term "driver" refers to those variables or factors that induce or control a process. Here we use this term to define the main factors or variables that determine the development of mangrove forests.

4 For more details on this model, we suggest reading the study by Lugo, A.E. 1978. Stress and Ecosystems. In: Thorp, J.H. & Gibbons, J.W. (Eds.). *Energy and Environmental Stress in Aquatic Ecosystems*. Springfield: US Department of Energy Symposium Series (CONF-77114), National Technical Information Services, pp. 62–101.

Geography and Statistics (IBGE).[5] The metropolitan regions of Rio de Janeiro, Recife and Vitória are examples of urban centres that have grown over mangrove areas and other wetlands such as swamps, marshy woodlands and lagoons. It is estimated, for example, that since the colonial period, Guanabara Bay, associated with the largest metropolitan region on the Brazilian coast, has lost roughly 64% of its originally mangrove area.

Upon analysing the evolution of areas altered by human activities in Brazil's coastal municipalities,[6] as well as of the well-established anthropization in some states in the south, southeast and northeast, where the total altered area can exceed 70%, one can observe how human action has tended to advance towards the northern states of Brazil, where the largest and most conserved mangrove areas in the country are located. The levels of anthropization in the Coastal Zone are progressively lower from Rio Grande do Norte (39%) and Ceará (28%) towards Maranhão (10%), Pará (7%) and Amapá (1%), which proves the existence of important areas that have not yet been altered on the coast between the boundary of the Northeast Region with the North (the states of Piauí and Maranhão) and the final frontier of the Brazilian coast at the Oiapoque. However, even in the states mentioned above, there has been a growth trend in the anthropization of the coastal zone, especially since the late 1990s and early 2000s. This process is particularly dramatic in Ceará, where anthropization jumped from 11% in 1994 to 30% in 2014.

The occupation of the coastal zone involves a variety of activities and uses, including the installation of ports and maritime terminals, usually in sheltered areas such as bays and estuaries. Similarly, in these same regions, major industrial complexes and districts have been installed, supported by the facility to receive supplies and dispatch production by sea. The mangroves are found precisely in these sheltered areas and subjected to pressures from these activities, as is the case in São Marcos Bay (state of Maranhão); Suape (Pernambuco); Todos os Santos Bay (Bahia); Vitória Bay (Espírito Santo); Guanabara, Sepetiba and Ilha Grande Bays (Rio de Janeiro); Baixada Santista (São Paulo) and Paranaguá Bay (Paraná), as well as various other systems distributed all along the Brazilian coastline.

Thus, the process of coastal area occupation drives a series of potential impacts on mangroves. In addition to the more severe and irreversible effects of loss of area through deforestation and landfills, there are those that affect urban or peri-urban mangrove remnants, such as garbage disposal, the discharge of untreated or inadequately treated domestic sewage and the discharge of industrial effluents containing contaminants such as heavy metals, oil and petroleum products, to name but a few. As a consequence of the process of urbanisation and the intensification and diversification of human activity associated with some metropolitan regions, the mangroves found in these coastal systems, such as those still found in Guanabara Bay in the state of Rio de Janeiro, are subject to multiple sources of impact and pressure and can be considered multi-stressed coastal systems.

Shrimp Farming

Shrimp farming is an economic activity originated in the 1930s in Southeast Asia. It was introduced to Central America in the 1970s, and subsequently to South America. In Brazil, implementation was more intense from the mid-1990s onwards. This pattern of migration and expansion into new areas reflects the activity's lack of environmental, social and economic sustainability, which degrades the environment and generates social and economic problems wherever it is established.

In Brazil, shrimp farming is mainly practised in the northeastern states, where the climate is more favourable, especially Rio Grande do Norte, Ceará, Pernambuco and Bahia, which account for more than 80% of the national production. It uses *Litopenaues vannamei*, an exotic species of shrimp from Southeast Asia.

Vast areas of mangroves, including hypersaline tidal flats,[7] are being destroyed to make way for ponds in which this marine shrimp is farmed. According to MapBiomas data, between 1985 and 2021 around 1,300 hectares of hypersaline tidal flats were razed for aquaculture developments.[8]

The impacts caused by shrimp farming in coastal zones and especially in mangrove areas include the following:[9] (i) destruction of mangrove forests and hypersaline tidal flats; (ii) alterations to and blocking of the tidal flows; (iii) the dissemination of diseases that spread in the farms; (iv) the introduction of exotic species of shrimp into natural environments; (v) contamination of rivers, lagoons, bays and estuaries by effluents from the ponds, rich in antibiotics and chemical products; (vi) destruction of shellfish- and crab-gathering and fishing areas; and (vii) social conflicts, with shellfish and crab gatherers and fishermen being evicted from their work areas and traditional communities being denied access to the estuary and mangrove swamp.

The shrimp farmers defend the activity on the grounds that it produces animal protein to fight hunger and generates wealth and jobs. However, various researchers, environmentalists and social movements denounce shrimp farming as highly damaging, causing serious environmental and social problems.[10] With regard to combating the shortage of animal protein, there is an argument that shrimp is not accessible to the neediest sections of the population, but rather an upmarket product that is largely targeted at wealthier consumers on the domestic and foreign markets.

Furthermore, a study carried out in various coastal municipalities in the state of Ceará,[11] which analysed 150 shrimp farming enterprises, found that on average 0.6 jobs were created per hectare of farming ponds. This means that to create one job, approximately 20,000 m^2 of ponds need to be installed. This would equate to destroying mangroves covering the area of around two football pitches. Added to this is the fact that many of the jobs created require specialised labour (fishing engineers, oceanographers, biologists, veterinarians, zootechnicians and technicians), leaving local communities with unskilled and temporary jobs, especially during the installation of the project or during the harvesting and maintenance phases of the ponds. Therefore, the argument that it generates employment for local communities is unfounded. In fact, the local communities, dominated by fishing and extractive activities, have had their way of life heavily impacted by environmental degradation and by the appropriation of the territory they have traditionally exploited.

It is important to examine other aspects that attest to the lack of sustainability of shrimp farming in mangrove areas. Data on captive shrimp production between 1998 and 2009 shows that, after an initial phase of implementation in Brazil, there was a rapid increase in production, which reached around 90,000 tonnes in 2003. However, production then went into decline, remaining at around 65,000 tonnes in 2009. This pattern of production collapse has been described for several countries and is related to a drop in productivity, largely due to diseases inherent to farming animals in a confined space. The growth-peak-decline pattern of shrimp farming in Brazil is quite clear in the productivity trends; in the initial phase it rose from 1,678 tonnes per hectare in 1998 to 6,084 in 2003. However, in the next phase, the sector experienced a decline of around 42%, producing just 3,514 tonnes per hectare in 2009. As a result, the only way to maintain

5 For information on the demographic density and distribution of the Brazilian population, we suggest consulting the *National Digital Atlas of Brazil*, produced by the IBGE and available at https://www.ibge.gov.br/apps/atlas_nacional/#/home.

6 Analysis based on data available on the MapBiomas platform (https://mapbiomas.org/).

7 As presented in Chapter 2, the hypersaline tidal flats, known in Brazil as *apicum* or *salgados*, comprise one of the features that make up the mangrove ecosystem. They are found associated with mangrove forests in regions with a dry or seasonally dry climate and are very common in the mangroves of the northeastern region of Brazil.

8 Available at https://mapbiomas.org/radiografia-da-costa-brasileira-nos-ultimos-37-anos.

9 For more details on the impacts of shrimp farming on mangroves and traditional communities in Brazil, we recommend reading the report produced by the Environment and Sustainable Development Commission of the Chamber of Deputies, available at https://www.camara.leg.br/proposicoesWeb/prop_mostrarintegra?codteor=316334 and the report produced by IBAMA, available at http://conama.mma.gov.br/index.php?option=com_sisconama&task=documento.download&id=20489.

10 Among the social movements that have condemned shrimp farming in Brazil in recent decades are, in addition to local movements and communities, the National Commission for the Strengthening of Extractive Reserves and Coastal Marine Extractive Peoples (CONFREM), the Movement of Artisanal Fishermen and Fisherwomen (MPP) and the Fishermen's Pastoral Council (CPP).

11 Available at http://conama.mma.gov.br/index.php?option=com_sisconama&task=documento.download&id=20489.

production is to increase the farming area, that is, by expanding the destruction of mangrove areas in order to build new ponds.

The drop in productivity over time and the environmental and social impacts described above show that shrimp farming is not sustainable and explain the pattern of migration and expansion of the sector, which constantly seeks new areas after exhausting the territories where it has been installed. According to data from MapBiomas,[12] aquaculture was the fastest-growing category of occupation in the Brazilian coastal zone, with an increase of 36% between 1985 and 2021.

Finally, a study published in the journal *Science* in 2002,[13] analysed the impact of converting mangrove areas to set up shrimp farms, comparing the total wealth produced by a shrimp farm to the wealth produced by the same conserved mangrove forest. The conclusion is that the degradation of mangroves by shrimp farming is economically disadvantageous, since the value of the conserved mangroves is 70% greater than that generated by shrimp farming. Furthermore, the wealth generated by conserved mangroves is better distributed, as it benefits different sectors of the economy, such as fishing, tourism and extractivism, whereas their conversion into shrimp ponds serves only one sector and therefore a much smaller number of beneficiaries.

Oil and Gas Production

The pressure and impacts exerted by the oil and gas sector on mangroves are related to the fact that most of Brazil's oil production takes place in offshore fields.[14] This pressure has increased in recent decades, especially since the break-up of the Federal Government's monopoly on oil exploration, which allowed private companies to operate in all links of the oil and gas production chain. Another milestone in the expansion of the sector was the exploration of the pre-salt layer, following the confirmation in 2007 of the existence of economically viable reserves in this marine subsoil layer. More recently, a new frontier of exploration has become a cause for concern: the sedimentary basins located on the so-called Brazilian Equatorial Margin, which covers the states of Maranhão, Pará and Amapá, and has the country's largest mangrove areas. The mangroves of this region are responsible for maintaining the high biological diversity of this coastline and an important economic chain related to fishing, as well as being home to various traditional communities and protected areas, especially the Coastal Extractive Reserves.

The oil and gas sector's threats to mangrove conservation are related to the high risk of oil spills during the drilling of wells, operation of production fields, transport, storage and refining. These activities are concentrated in the coastal zone, where operational support facilities are also located, mostly in sheltered areas such as bays and estuaries, the same systems where mangroves occur.

The mangrove is considered the most sensitive coastal ecosystem to contamination by oil and petroleum products,[15] because it is highly productive, of great socio-environmental relevance and, once afflicted by oil spills, it is extremely difficult to remove the product. Moreover, once deposited in the mangrove swamp, a low-energy environment with muddy, poorly oxygenated sediments, oil tends to remain in the sediment for decades, prolonging the deleterious effects on the ecosystem, subject to a very slow recovery process. Therefore, in emergency situations, these environments should be prioritised in operations to contain the advance of oil slicks.

The effects of oil and petroleum products on the mangrove ecosystem can be quite diverse and will depend on different aspects, such as:[16] (i) amount of oil that reaches the mangrove; (ii) type of oil; (iii) geomorphological characteristics; (iv) frequency of tidal flooding; (e) tidal force; (v) sediment characteristics; (vi) plant species affected; (vii) benthic macrofauna activity; and (viii) microbial activity. The effects of oil and petroleum products on mangroves can be classified as:

- Acute[17] . which arise immediately and in the short term;
- Chronic . which have a delayed onset in the medium and long term;
- Lethal . when the impact leads to the death of the organisms;
- Sub-lethal . when there is no death of organisms, but effects on physiological and metabolic processes that can cause changes in the structure, functioning and dynamics of the ecosystem.

Thus, the impact of oil spills on mangroves is highly variable and can be characterised either by mass mortality of mangrove forests through asphyxiation, due to the covering of gas exchange structures in the roots, or by sub-lethal effects, capable of altering the vitality of organisms and the entire ecosystem. It is important to emphasise that the immediate death of the mangrove forest (acute and lethal effect) is not always observed; there are effects that develop in the medium and long term and which can also lead to the late death of the forest (chronic and lethal effect).

In the case of contamination by oil and petroleum products, the persistence of the stressor in the system is just as important as the point at which it affects the ecosystem. The prolongation of lethal and sub-lethal effects and slow down of the ecosystem's recovery process make the impact of oil on mangroves extremely damaging and delicate. This issue is illustrated by studies carried out in the mangroves of Guanabara Bay by the Marine Organic Geochemistry Laboratory (LAGOM) and the Mangrove Studies Centre (NEMA), both of Rio de Janeiro State University, which have detected the presence of oil in sub-surface layers of sediment from spills that occurred in the bay in 1975, 1997 and 2000.[18]

THE APPEAL OF THE MANGROVE

As we have seen, mangroves are subject to various types of pressure that act differently on the ecosystem. The significance of these stressors can vary depending on the location, both in their frequency and intensity. We have also demonstrated that the action of stressors comprises an additional source of stress on mangroves, which can therefore not only lead to additional energy expenditure by the ecosystem, causing alterations in the structure, functioning and dynamics of the ecosystem, but also to the death or collapse of the ecosystem.

As society's concerns about the effects of global warming increase, there is recognition of the important role played by mangroves to mitigate these effects through carbon sequestration and storage and reduce the vulnerability of coastal regions to the consequences of extreme events and floods. However, if they are to fulfil these and many other functions and help to face climate change, it is imperative, as we have seen, that the exposure of mangroves to additional anthropogenic stressors is reduced. To this end, we need to understand how these agents act on mangroves, so that we can act more effectively to reduce these impacts and conserve this valuable ecosystem, allowing mangroves to adapt and survive, even under the new conditions imposed by global warming.

12 Available at https://mapbiomas.org/radiografia-da-costa-brasileira-nos-ultimos-37-anos.

13 Available at https://www.science.org/doi/10.1126/science.1073947.

14 According to the National Agency for Petroleum, Natural Gas and Biofuels (ANP), 97.7% of the oil and 86.6% of the natural gas produced in Brazil in May 2023 came from offshore fields [https://www.gov.br/anp/pt-br/centrais-de-conteudo/publicacoes/boletins-anp/boletins/arquivos-bmppgn/2023/boletim-maio.pdf], notably from the basins located in the southeast of Brazil. However, bearing in mind their proximity to the coastline, the production fields located in the northeast also pose a significant threat to the mangroves.

15 For a better understanding of this classification, we suggest consulting the study Gundlach, E.R. & Hayes, M.O. 1978. Vulnerability of Coastal Environments to Oil Spills Impacts. *Marine Technology Society Journal*, 12(4):18–27, available at https://www.oil-spill-info.com/Publications/1978_MTS_Vulnerability_ESI.pdf., which has been adopted and improved by the US National Oceanic and Atmospheric Administration (NOAA) and various environmental agencies and oil exploration companies around the world, such as IBAMA and Petrobras in Brazil.

16 For an objective and summarised analysis of the vulnerability and sensitivity of mangroves to contamination by oil and petroleum products, see the text by Soares, M.L.G. 2003. Vulnerabilidade e sensibilidade do ecossistema manguezal à contaminação por petróleo e derivados. In: *Anais do II Congresso sobre Planejamento e Gestão das Zonas Costeiras dos Países de Expressão Portuguesa.*

17 We should clarify that this text deals with mangrove responses to contamination by oil and petroleum products. Therefore, we are not referring to the source of contamination, which can be considered acute when it is a time-restricted event, such as an oil spill, or it can be chronic when contamination occurs frequently or permanently, even in small quantities, such as the continuous discharge of contaminants by effluents or by their transport or use.

18 This study is part of Michelle Passos Araújo's PhD thesis, entitled "Testemunhos de lama — conhecer o passado, compreender o presente e pensar o futuro: reconstituição da contaminação nos manguezais da costa brasileira e dimensões socioeconômicas de seu entorno", presented in 2018 as part of the Graduate Programme in the Environment of Rio de Janeiro State University.

THE MANGROVES OF TOMORROW

Flávia Rebelo Mochel

Mangrove swamps are resilient ecosystems, having shown themselves capable of overcoming the negative effects of a diverse range of stressors derived from human activity, such as deforestation, urban sewage and oil spills. Ever since they emerged more than 65 million years ago, mangroves have also faced drastic changes in the planet's geological and climatic history, such as ice ages and periods of significant warming. Many mangrove tree species are now extinct, while others have remained and evolved into the ones we know today. Their plasticity and the ability to change size and live with less energy to sustain themselves in less favourable environments are among the most extraordinary characteristics of these species.

At this moment in time, in the 21st century, key differences can be noted between the recent and distant pasts in the evolutionary history of mangroves that could determine the future of this ecosystem. The planet is getting hotter and hotter due to the rising emissions of greenhouse gases, such as carbon dioxide, caused by human activity such as deforestation, forest fires, livestock farming and the burning of fossil fuels like oil, natural gas and coal. The consequences of global climate change have accentuated the effects of local impacts and deepened the threats to mangroves.[1] As the atmosphere and, consequently, the ocean warm up, a series of alterations take place, such as changes in rainfall patterns, increased frequency and intensity of extreme events, rising sea levels and heat waves, as well as the acidification of seawater, which bring additional pressures to this ecosystem.

Data from the UN's Intergovernmental Panel on Climate Change (IPCC)[2] showed that between 2006 and 2018 the average global sea level varied by 3.7 (3.2 to 4.2) mm/year. The future estimate in the IPCC's latest climate report,[3] suggests that the rise in the Earth's temperature could reach more than 1.5 °C by the end of this century, causing the global average sea level to rise by at least 0.55 metres in an optimistic scenario.

The advance of the seas over the coastal zone poses a future of uncertainty for mangroves and the 210 million people around the world who depend on them directly or indirectly. Will the mangroves disappear? Will they be able to occupy new areas as sea levels rise towards the continent or will they encounter obstacles? What will happen to the substantial contingent of people who live off the benefits provided by the mangroves?

The coastal zone is a coveted space for many reasons — the beauty of its landscapes, the marine climate and access to the sea — and this has led to an even greater occupation of these areas and their transformation into dense urban, industrial and port zones. The continuous landfill of mangroves suppresses not only species but also the natural space where this ecosystem can establish itself. Nevertheless, the change in the use of coastal territory is an ongoing process in several parts of the world, with a tendency to intensify in some countries, such as Brazil.

As a result of these two drivers, the onshore occupation of the coastal zone and the offshore sea level rise, more and more areas will be urbanised, leading to potential biodiversity losses. The capacity to reproduce by disseminating propagules through the marine currents allows mangroves to find new areas. However, their success in establishing themselves and becoming functional adult trees will depend on whether they manage to reach unbuilt locations that provide the right combination of elements for their development. According to some mappings,[4] with the advance of the sea over time, the mangrove forests in more natural areas could spread over other ecosystems — *restingas* (vegetation of coastal sandy soils), woodlands, and river basins. In places with coastal zones dominated by palaeodunes, cliffs and elevated topography, the mangroves will be compressed and risk becoming extinct in the future.

This narrowing of the coastal strip occupied by ecosystems such as beaches and mangroves increases erosion. Rising sea levels and the incidence of waves in some locations transport the sediments that form the base of mangrove tree roots, exacerbating the vulnerability of these sensitive environments. It is predicted that almost everywhere in the world the coastal zone will be modified by the end of the 21st century due to erosion. The disappearance of coastal areas dominated by mangroves and associated ecosystems has increasingly led to communities losing their fishing grounds, homes and livelihoods and being forced to move to other regions, aggravating social and environmental problems.

Furthermore, not all mangrove areas in the world fall under the umbrella of environmental protection laws. More than ever before, these ecosystems are under pressure on a short space-time scale, posing new challenges to their resilience, plasticity and evolution. An article published in the journal *Science* pointed out[5] that by the end of the 21st century, mangroves will be functionally extinct on a global scale. This means that some mangroves may remain, but they will no longer be able to fulfil ecosystem functions, such as sustaining the productivity of coastal waters. The future of this ecosystem is of concern and importance to tropical coastal nations, and with it the future of biodiversity and the trajectory of humankind on our planet.

ECOSYSTEM SERVICES UNDER THREAT

As discussed previously, ecosystem services are the benefits that ecosystems provide to human beings, including food, shelter and energy, right down to fertilising the waters and soils to ensure successful fishing. In this context, mangroves are admirable. The loss of the important support service they provide as one of the world's most carbon-intensive ecosystems — mangrove forests sequester 14% of the ocean's total carbon[6] — could lead to increased emissions of this gas into the atmosphere. In addition, as exporters of nutrients and substances to an extensive and complex coastal food chain, their absence will put primary production and the life cycle of marine and terrestrial species at greater risk, reducing the availability of suitable locations for biodiversity to reproduce, grow, shelter and feed.

The destruction of these support services weakens the supply or provision service because the primary productivity that drives the food chain and the wealth of biodiversity favours fishing, the production of food and natural products, including honey, fibres and biotechnological products such as pharmaceuticals and food supplements. This gives rise to social insecurity in terms of income generation, work and food security, especially among the traditional communities of fishermen, shellfish gatherers, *caiçaras* and *quilombolas* on the coast.

1 Marengo, J. 2007. *Mudanças climáticas globais e seus efeitos sobre a biodiversidade*. Brasília: MMA.

2 IPCC. 2023. *AR6 Synthesis Report. Climate Change* 2023. Available at https://www.ipcc.ch/report/ar6/syr/.

3 Ibidem.

4 Shanshan, L.; Wenjia H.; Jie, L. et al. 2023. Mapping mangrove sustainability in the face of sea level rise and land use: A case study on Leizhou Peninsula, China. *Journal of Environmental Management*, 325(b). Available at https://www.sciencedirect.com/science/article/abs/pii/S0301479722021272?casa_token=77XzdrXk-D10AAAAA:4TcytKm2WgCs5u5Tz9MBqyIi-1ehpC28R7D6UslZlywSNjjJ1McZN-Fk973_b4-JcGCP1IuBdSw; Krauss, K.W.; From, A.S.; Doyle, T.W., Doyle, T.J. & Barry, M.J. 2011. Sea--level rise and landscape change influence mangrove encroachment onto marsh in the Ten Thousand Islands region of Florida, USA. *Journal of Coastal Conservation*, 15:629:638.

5 Duke, N.C. et al. 2007. A World Without Mangroves? *Science*, 317(5834):41–42.

6 Alongi, D. 2014. Carbon sequestration in mangrove forests. *Carbon Management*, 3(3). Available at https://www.tandfonline.com/doi/full/10.4155/cmt.12.20.

The growth of the world's coastal population has brought about an ever-increasing demand for seafood, the sustainability of which still depends on a better understanding of the relationships between species and the productivity of each mangrove area. The future of fishing, local economies and food for coastal communities representing millions of people in tropical and subtropical countries around the world is linked to the presence and sustainable uses of the mangrove ecosystem.

Another threat already being felt and susceptible to worsening if mangroves continue to be degraded is the increase in heavy metal contamination, since these ecosystems import sediment and minerals from rivers and soils in terrestrial environments. This is one of their important regulatory services which, over time, is responsible for depositing heavy metals such as lead, cadmium and mercury and making them unavailable for the biota. Without the mangroves, the sediments are dug up and the metals are free to contaminate fish, oysters, shellfish and the people who eat them. As well as the sediments and the climate, mangroves regulate the salinisation of groundwater. The absence of this barrier formed by mangroves has consequences for both the economy and human health.

In addition to the significant loss of biodiversity and the different mangrove environments, the degradation of the ecosystem has also threatened the way of life of traditional communities. In Brazil and all over the world, the escalating occupation of coastal territories by urban centres, the removal of inhabitants to set up shrimp farming enterprises and the establishment of disorganised tourism activities affect and alter the cultural service provided by mangroves, especially traditional uses in cooking and traditional medicine, customs and spiritual values and the notion of belonging to the place where one lives.

PLASTIC MANGROVES

An increasing amount of plastic is reaching the mangroves and jeopardising the future of this ecosystem. Worldwide, a map[7] published in the journal *Science of Total Environment* showed that most of the plastic circulating in the coastal zone is transported by the tides to areas where there are mangroves.

The excessive plastic in the solid waste found in the mangroves promotes the accelerated deposition of sediments, mainly sandy, causing land elevation, clogging the respiratory roots and suffocating the mangrove trees. In some places in Asia, it was recently quantified that more than 50% of mangrove sediments were covered in plastic waste,[8] with up to 300 items per square metre, which cover the roots and cause trees to die. Moreover, plastic entangled in mangrove roots kills propagules, making it impossible for new seedlings to grow and the mangrove to recover.

A bleaker future is a concern: studies and research[9] into plastics in the marine environment show that tiny particles, known as microplastics, are being incorporated into the cells of living beings. The size of these particles varies between 5 mm and 0.1 µm, and there are even smaller particles, nanoplastics, measuring less than 0.1 µm.

In mangroves, microplastics have been found in the mud and water where a range of marine organisms live and feed, many of them consumed by humans. This waste commonly comes from personal use items such as cosmetic packaging, detergents, shampoos and paints, which get caught up in the mangroves and deteriorate into small pieces. A report by the International Union for Conservation of Nature (IUCN)[10] states that 48% of microplastics from domestic and industrial activities are released into the ocean and that this load will increase over the coming decades. An immediate call is urgently needed to prevent further disposal of plastics into the mangroves and to remove them from the areas already affected.

The potential effects of plastic waste on trees and younger stages such as propagules and seedlings established in the sediment are still poorly understood. Recent studies, including on a molecular scale, are seeking to understand these impacts. This is a critical issue for the coming decades.

THE MANGROVES OF TOMORROW: RESTORATION IS NEEDED

To support efforts against the growing destruction of ecosystems around the world, the United Nations (UN), at its 2019 general assembly, announced the Decade of Ecosystem Restoration from 2021 to 2030.[11] This period was also established as the Decade of the Ocean[12] to strengthen ocean sciences and their use in sustainability actions to achieve the Sustainable Development Goals (SDGs) of the 2030 Agenda for Sustainable Development. These two United Nations acts are aligned, since mangrove degradation and the worsening ocean health and marine biodiversity crisis have been occurring due to global anthropogenic activities such as fishing, chemical pollution, eutrophication, habitat destruction and invasions of exotic species. If mangroves are to be fully restored and their sustainability promoted, techniques, scientific knowledge, community participation, institutional co-operation, environmental education and the creation of marine protected areas must be combined to reduce costs, increase benefits and empower citizens.

Positive results have been achieved, such as some mangrove restoration experiments in Brazil, which have recovered the ecosystem in areas affected by port activities.[13] In 2018, global mangrove coverage was estimated at 150,000 km^2, but around 25% of this ecosystem has been damaged by human activity,[14] primarily deforestation, pollution, occupation of the coastal zone, shrimp farming and climate change.

Good mangrove restoration practice supports cooperation between different social segments, such as the public, private and community sectors. As a result, there is a need to develop methodologies and strategies for recovering these important ecosystems, as well as disseminating scientific information and integrating the acquired knowledge into formal education.

Community restoration has been seen around the world as an instrument to enhance damaged mangrove replacement, as it unites the efforts of leaders, young people and children with those of restoration specialists, technicians and managers. These players exchange knowledge, select areas and make decisions to set up community nurseries, collect, prepare and plant seedlings, and monitor the planted areas.

As well as contributing to the balance and healthy maintenance of this coastal ecosystem and benefiting local communities and those adjacent to mangrove areas that depend on fishing, mangrove recovery also makes a direct contribution to the 2030 Agenda, with the Sustainable Development Goals (SDGs), such as that established in 2021 by the International Society for Ecological Restoration (SER) in conjunction with the UN. The Goals include promoting the integrity of ecosystems, biodiversity, the integration of traditional knowledge systems, improving water and air quality, and mitigating climate change by increasing the incorporation of blue carbon.

7 Bijsterveldt, C.E.; Wesenbeeck, B.K; Ramadhani, S. et al. 2021. Does plastic waste kill mangroves? A field experiment to assess the impact of macro plastics on mangrove growth, stress response and survival. *Science of Total Environment*, 756. Available at https://www.sciencedirect.com/science/article/pii/S0048969720373575.

8 Ibidem.

9 Zolotova, N.; Kosyreva, A.; Dzhalilova, D. et al. 2022. Harmful effects of the microplastic pollution on animal health: A literature review. *PeerJ*, 10:e13503. Available at https://peerj.com/articles/13503/.

10 Boucher, J. & Friot, D. 2017. *Primary microplastics in the oceans: A global evaluation of sources*. Gland: IUCN. 43p. Available at https://hold-norgerent.no/wp-content/uploads/2020/03/IUCN-report-Primary-microplastics-in-the-oceans.pdf.

11 UN. 2019. *United Nations Decade on Ecosystem Restoration (2021–2030)*. Available at https://www.globallandscapesforum.org/wp-content/uploads/2019/09/United-Nations-Decade-on-Ecosystem-Restoration-2021–2030.pdf.

12 UN. *United Nations Decade of Ocean Science for Sustainable Development (2021–2030)*. Available at https://en.unesco.org/ocean-decade.

13 Ferreira, A.C.; Ganade, G.; Attayde, J.L. 2015. Restoration versus natural regeneration in a netropical mangrove: Effects on plant biomass and crab communities. *Ocean & Coastal Management*, 110; Mochel, F.; Fonseca, I.L.A. 2019. *Abordagem integrada para a recuperação de manguezais degradados em áreas portuárias com estudo de caso em São Luís do Maranhão*. Available at https://www.atenaeditora.com.br/catalogo/post/abordagem-integrada-para-a-recuperacao-de-manguezais-degradados-em-areas-portuarias-com-estudo-de-caso-em-sao-luis-maranhao; Mochel, F.; Fonseca, I.L.A. 2019. *Recuperação ecológica de manguezais em sistema de confinamento celular (geocélulas): estudo de caso em área portuária no Golfão Maranhense, Brasil*. Available at https://www.atenaeditora.com.br/catalogo/post/recuperacao-ecologica-de-manguezais-em-sistema-de-confinamento-celular-geocelulas-estudo-de-caso-em-area-portuaria-no-golfao-maranhense-brasil

14 Spalding, M.D. & Leal, M. 2021. *The state of the world's mangroves 2021. Global Management Alliance*. Available at https://www.mangrovealliance.org/wp-content/uploads/2021/07/The-State-of-the-Worlds-Mangroves-2021-FINAL-1.pdf.

PROTECTED MANGROVES

Many mangrove areas still can and need to be protected. For this to happen, public policies for the conservation and preservation of the ecosystem must be strengthened. Existing Protected Areas, or (PAs), that include mangroves need to be equipped and monitored with the help of citizens, and new PAs must be added in categories such as Parks, Environmental Protection Areas and Extractive Reserves, expanding the protected territory and safeguarding specific regional characteristics. We need to adopt a new approach to the management of Protected Areas, since increasing the effectiveness of public policies requires more and more multidisciplinary and participatory instruments.

Public policies to tackle waste collection, disposal and recycling, especially plastic waste, are urgently needed to inhibit the creation of future waste disposal areas that also serve as a base for landfills and the transformation of mangroves into built-up areas and pollution hotspots.

The new reality of global warming and rising sea levels requires public policies to mitigate its effects and the development of plans to enable mangroves and their communities to adapt accordingly. These public policies must include up-to-date scientific data, bring citizens together for debates and formulate and implement guidelines that can be monitored and reassessed over time.

Innovative coastal public policy initiatives have sought nature-based solutions for which the inclusion of regulating ecosystem services, such as the protection offered by mangroves, beaches and dunes, will be crucial in preventing or minimising climate risks and disasters, sea level rise and flooding in coastal cities, including port and industrial facilities.

No local, state or federal government, not even the United Nations, will be able to act alone, based solely on legal documents. All sectors of society and citizens must do their part to promote the implementation of the available management instruments and fulfil the collectively agreed goals, such as SDG 14 and the expected objectives of the Ocean Decade. This will become more of a reality as more information and awareness prevails in society, which is achieved through environmental education initiatives.

ENVIRONMENTAL EDUCATION AND THE VALUABLE ROLE OF COMMUNICATION

To engage proactively in the defence of mangroves, people need access to knowledge about this valuable ecosystem. Various events such as congresses, national, state and local symposia on environmental education focused on mangroves, some of which have been held for more than two decades, have sought to address different themes, updating debates with society and state of the art knowledge. The National and State Meetings on Environmental Education in Mangrove Areas (ENEAAMs) began in Maragogipe, Bahia, in 1993. The National Congress on Environmental Education (CNEA) has been publishing e-books on environmental education initiatives in mangroves and other ecosystems since its inception in 2012, in João Pessoa. Expanding environmental education activities aimed at publicising, informing and raising awareness in society about the mangrove ecosystem is crucial to engaging a greater number of people in transforming their behaviour and attitudes, in a collaborative and supportive manner, against the destruction of this ecosystem. This is a question of seeking methods of engagement through information and scientific dissemination that make the content interesting, entertaining and challenging, while carrying the message of warnings and calls to action. It is important that more educators, whether in the school environment or not, in any age group, creed or ethnicity, look for ways to disseminate values, principles and new approaches compatible with mangrove sustainability, based on what is produced, discovered and built with their environmental education groups.

The media in general, and especially community radio stations common in mangrove areas, have a valuable role to play in communicating, informing and publicising the importance of mangroves, the threats they are facing and what people can do to help protect them. Information also means presenting the concepts of mangrove sustainability and contributing to the formation of critical and contextualised opinions. There is a need to increase the number of events with potential for media coverage, whether in newspapers, on radio stations, television channels, blogs, social media outlets of NGOs or influencers who can provide a platform to promote mangrove sustainability. Various NGOs, trade unions and co-operatives have media professionals who could become great allies in the dissemination of information once they have been trained in this subject. In a sustainable future, it is important to create interconnected networks of communicators who develop independent reports for public benefit.

THE SUSTAINABILITY OF MANGROVES AND OF THE PLANET

It is important to note that practically all the 17 Sustainable Development Goals (SDGs) of the 2030 Agenda for Sustainable Development speak to mangroves. We have therefore highlighted a few of them that draw attention to the urgency of certain ecological, economic, social, cultural and human health issues in relation to the future of mangroves. In other words, protecting and sustainably utilising this ecosystem is a way of building a more sustainable future for the planet.

SDGs 1 and 2 aim to reduce poverty and hunger worldwide. It is essential that mangroves survive to avoid exacerbating the suffering, vulnerability and indignity of millions of people on the planet's tropical and subtropical coasts. For example, in Indonesia, the conversion of mangrove forests into charcoal has been a traditional means of survival since the last century.[15] However, one of the socio-environmental problems that has been worsening for decades is the export of mangrove charcoal to developed countries, a process marked by an unequal pay relationship between the woodcutters, the middlemen, and the market.[16] Therefore, economic activities that utilise mangrove resources must be aligned both with policies to reduce poverty and promote public health and sanitation, as well as with the SDGs related to forest maintenance. National and transnational public policies are urgently needed to address the issues of thousands of communities whose survival depends on the mangroves.

The engagement of women can make the difference in mangrove sustainability, whether in education, non-predatory food production or the recovery of degraded areas, despite the fact that their participation in decision-making remains unequal. Increasing action and promoting gender equality and the empowerment of women and girls is part of SDG 5. There is an upward trend in the number of female leaders in many traditional communities in mangrove areas. These leaders seek to increase the representation of shellfish and crab gatherers, fishermen, and *quilombolas*, and want their socio-environmental demands to be heard and acted upon.

The lack of availability of sustainable fresh water and basic sanitation, addressed by SDG 6, is one of the serious and complex problems that also directly affects mangrove

15 Satyanarayana, B.; Quispe-Zuniga, M.; Hugé, J. et al. Mangroves fuelling livelihoods: A socio-economic stakeholder analysis of the charcoal and pole production systems in the World's longest managed mangrove forest. *Front. Ecol. Evol.*, 21(9). Available at https://www.frontiersin.org/articles/10.3389/fevo.2021.621721/full.

16 Ibidem.

areas. The difficulty of accessing fresh water is aggravated by the salinisation of areas due to deforestation and erosion. Actions must be taken to prevent the proliferation of diseases caused by ingesting sub-standard, unhealthy local water. Similarly, actions to avoid ditches that drain effluent into the mangroves can be undertaken with the use of septic tanks or other technologies. Once again, a participatory effort between government, technical and community sectors is essential.

The climate agenda is the subject of SDG 13. For mangroves, it is essential to pay special attention to this aspect, as science shows that they can store more carbon than other forests on the planet. It is therefore urgent to take action to restore the mangroves' power to regulate the climate.

The theme of SDG 14 is how we can act to ensure that life at sea and in the Coastal Zone is diverse, balanced and generates well-being for all. Developing integrated strategies to protect the biodiversity of mangrove species and their ecological processes means contributing to the balance of the coastal zone and people's well-being.

Life on Earth is addressed by SDG 15. In order to conserve the mangroves, it is vitally important to find ways of supporting the protection, conservation and recovery of forest ecosystems, as their degradation has been affecting the arrival of fine (muddy) sediments that are deposited by rainfall and surface runoff.

Therefore, for the 2030 Agenda to be implemented, Partnerships (SDG 17) are more than desirable: they are essential.

THE MANGROVES OF THE FUTURE

It is our wish mangroves may continue to be lush and extensive forests, covering the world's tropical coastal zones with their rich biodiversity. May they store carbon to mitigate the effects of climate change. As a clean and healthy environment, may they be productive and sustainable ecosystems for millions of people. May they increasingly become an environment from which prosperity can be generated and shared and which contributes to strengthening the dignity of the peoples of the sea. May they be fully integrated into the objectives of the Decade of the Ocean: resilient, productive, safe, sustainably exploited and valued by all. May mangroves continue to evolve and adapt to survive on a dynamic planet, as they have done throughout their existence to date. We are left to trust in the role that humanity will play to go on living in harmony with these ancient forests, so that the benefits they give us are repaid with objective and ongoing actions to restore, conserve and protect them. All of us can and must do something to protect mangroves from degradation and, eventually, extinction. Governments, scientists, politicians, business executives, journalists, non-governmental organisations, educators and students, me, you and whoever else comes along. The mangroves of the future demand immediate action.

FIRST-HAND ACCOUNTS TOLD TO CRISTINA SERRA

Manuel Bueno dos Santos (Nego da Pesca), Eliete Paraguassu da Conceição, Pedro Belga, Driele Farias dos Santos, Alexandre Anderson de Souza

MANUEL BUENO DOS SANTOS (NEGO DA PESCA)

THE MANGROVE IS OUR AMAZON

SERRA, ESPÍRITO SANTO

Fishing is so intertwined with the life of Manuel Bueno dos Santos, 62, that almost nobody knows him by his Christian name, but rather by the nickname Nego da Pesca. "I even forget my real name," says the fisherman from Minas Gerais, who settled on the coast of Espírito Santo more than forty years ago and fell in love with the sea.

Nego da Pesca created the Jacaraípe Fishermen's Association, in the municipality of Serra, and is now a leader of national prominence for his work in defence of fishing workers' rights. He is president of the Federation of Fishermen's Associations of Espírito Santo and National Coordinator of the Movement of Artisanal Fishermen and Fisherwomen of Brazil (MPP).

He also became a defender of the coastal and marine environment. One of his biggest concerns is the degradation of Espírito Santo's mangroves, a vital ecosystem for the livelihoods of gatherers and fishermen. "The mangrove is our Amazon. There is no fishing if the mangroves are not preserved," he warns.

Cristina Serra – You were born in Minas Gerais, a landlocked state, and became an artisanal fisherman in Jacaraípe, Espírito Santo. How did fishing come into your life?
Nego da Pesca – I lost my parents when I was very young. My mum died when I was three and I was brought up by relatives. When I was 15, a friend invited me to come and try my luck in Espírito Santo. The fishermen took me in and I learned that you don't repay favours with money, but with another favour. I tried to do something that would help everyone who had helped me. To pay the fishermen back for taking me in, I tried to legalise fishing in the Serra region. Until the 1990s, the fishermen had no fishing documentation. As far as Social Security was concerned, they didn't exist. Many had no national identity registration (RG) or tax number (CPF). When someone fell ill, they had to find a politician to help. Our struggle has helped to free fishermen from these shackles. Today, fishermen can retire. And I'm very grateful to have been taken in.

C.S. – What has fishing taught you?
Nego da Pesca – I often say that each brick of my house was a fish I caught. I married when I was 17, I have three children and they have all graduated from university. After they graduated, I went back to school and finished primary and secondary school. But what I really learnt about was the solidarity between fishermen. I started fishing in the Jacuné and Juara lagoons, and then I went out to sea. At sea, in a small boat of eight or ten metres, you learn to live together in harmony. Fishing is a good thing, but it's very punishing, you have to endure wind, rain and huge waves. The adversity brings us strength and unity. We're very united and very happy at sea. But we're happiest when we get back.

C.S. – Is fishing today very different to when you first started?
Nego da Pesca – Before, there was a greater abundance. Fish are smarter than us, they run away from contamination. So today, fishermen are forced further and further out to bring in their catch. In 2015, the Samarco dam disaster happened and the mud reached the coast of Espírito Santo and spread all along the coast. To this day, fishing

is prohibited along a strip up to almost 20 kilometres off the shore and 20 metres deep. The mud contaminated the mangrove swamp on our coast, which is a nursery for fish and shellfish. Without healthy mangroves, there's no fishing. The mud is still coming down. Every time it rains, tailings flow down the river. You must study the fish and find out if they're contaminated. Shrimp fishing was also badly affected.

C.S. – So that is to say, fishermen need healthy mangroves to continue to provide for themselves and their families?
Nego da Pesca – The mangrove is our Amazon, it's like the air we breathe. Where there are mangroves, there is a wealth of fish. There is no fishing if the mangroves are not preserved. Where there are mangroves, the fish are more plentiful. Before the mud from the dam, Espírito Santo's mangroves were beautiful and copious. There were oysters, mussels and crabs. The crab festival has been held here for over 20 years because crab gathering supports countless families. The mangrove is a nursery for species. Fish come into the mangrove to spawn. There are sea bass, grey mullet, mojarra. A study needs to be carried out on the Espírito Santo mangroves to ascertain the effect of the mud from the dam. There are also lots of development projects that destroy the mangroves. There are ports, shipyards, projects based on the greed of a disorganised development model, with no thought for the future, for our children or our grandchildren. Just to give you an idea, Espírito Santo already has 11 ports and 16 more are planned. Each new private enterprise that is implemented is an extractive area that we lose. They destroy the restingas (vegetation of coastal sandy soils), dumping raw waste straight into the lagoons, mangroves and sea. All this has a huge impact on shellfish, oysters, lobster and octopus.

C.S. – What can fishermen do to stop the destruction of the mangroves and protect their families' livelihoods?
Nego da Pesca – We look after the environment because it's where we make our living. It was thanks to fishing that I could build the house that shelters me from the rain, the wind and the sun. Nature is everything in my life. And we start to think about the future, about our grandchildren, and think we need to do something. Will my grandchildren ever have the pleasure of seeing this beautiful mangrove? Will they be able to eat fresh fish free of any contamination? We must preserve nature to maintain our health and living conditions. Without the environment, we are nothing. The world is changing. When I was a child, we knew when to plant crops because we knew when the rain was coming. Now, not even the meteorologists can get it right. There's a story I remember hearing from the old-timers in the fields. The forest was on fire and a hummingbird collected water in its beak and threw it on the fire to put it out. Then someone asked the hummingbird if he really thought he was going to put out the fire like that. The hummingbird replied that he didn't know, but that he was doing his bit. The old-timers couldn't even sign their own names, but they already had that wisdom. We're always raising the alert. We are not omissive.

C.S. – You mentioned that you have to go further and further out to fish. Is the quantity of fish also decreasing? What can be done to prevent this situation from getting even worse?
Nego da Pesca – The Movement of Artisanal Fishermen and Fisherwomen of Brazil (MPP) has been campaigning for our "fishing territories" since 2017. We collected over one million signatures and filed them with the Human Rights Commission of the Chamber of Deputies for it to become a public initiative legislative bill. The bill is for the creation of "fishing territories" all along the Brazilian coast. This is important because, for example, if they discover that there is oil in a certain region, they can expel us. We have to receive some compensation or the option of another area where we can fish. It should be in line with the fisherman's working conditions. For example, I have a seven-metre boat that can't go that far. So, we have to have a viable option.

C.S. – How do you demarcate a "fishing territory"?
Nego da Pesca – The fisherman knows where the fish are. He knows how to use GPS, and the probe can see the bottom of the sea. When he finds a good fishing spot, he marks the coordinates on his GPS and the quality of the fish there. We fish for a while and then we manage it, that is, we will let that area rest and move on to another. Each fish has its own season. Some species like the reef for protection from predators and larger fish. But we know how to catch them; plenty of salted, strong-smelling sardines and the fish come out of the *loca* (den). Fish like good food. Our fishing respects the environment. It's not predatory fishing. These big trawlers, which come from Santa Catarina, with very powerful engines, encircle a huge area and pull in 60, 70 tonnes of fish in one go.

C.S. – With respect to the environment, is it therefore possible to carry out sustainable extractivism and fishing?
Nego da Pesca – That's what we do. The artisanal fisherman is a defender of the environment. I even earned the title of Guardian of Nature from Fase (Federation of Organisations for Social and Educational Assistance). In Espírito Santo, there are 18,000 professional artisanal fishermen, including the gatherers. But the fishing production chain is much more extensive, generating other jobs and benefiting roughly 60,000 families. A fisherman has his own job and generates another four or five jobs. There's the boat engine mechanic, the electrician, the one who builds and repairs the boat, the person who processes the fish, the fishmonger, the restaurant that sells fish and shellfish. It's a very strong chain. The world of fishing is infinite.

C.S. – Dorival Caymmi says in a song that a fisherman has two loves, one on land and one at sea. What are your loves?
Nego da Pesca – On land it's my family, my grandchildren, Isabela, Davi, Guilherme and Manuela. They're the ones I'm fighting for. At sea, it is nature, the earth, the water, the sky, the wind. When you have a good fishing trip, you forget all the bad things in life. If I die at sea, I will die a happy man.

ELIETE PARAGUASSU DA CONCEIÇÃO
THE STRUGGLE OF THE WOMEN OF THE WATERS
ILHA DE MARÉ, SALVADOR, BAHIA

Eliete Paraguassu da Conceição, 43, has her life entrenched in the mud of the mangrove swamp of Ilha de Maré, an island district in the Bahian capital, Salvador. Daughter of a *quilombola* community and mother of two, Eliete defines the mangrove as a gateway to her ancestry, and shellfish gathering as an art she learnt as a child, watching her mother, Zenilda, work from dawn to dusk.

At a very young age Eliete realised that she had to fight to preserve the ecosystem from which she made her living and launched into activism to defend the mangroves of All Saints' Bay (Baía de Todos os Santos), threatened by the impacts of industrial complexes installed in the region. Her strong leadership and engagement with the communities has even led to her receiving death threats. But Eliete has the resilient fibre of the women of the waters and made her way into the Ministry of Fisheries, where she intends to roll out public policies that strengthen fishing communities and protect the generous and exuberant nature of mangroves nationwide.

Cristina Serra – How important is the mangrove in your life?
Eliete Paraguassu da Conceição – I've been coming to the mangroves since I was in my mother Zenilda's tummy. I come from a tradition of shellfish gatherers. Even heavily pregnant, the women go out to gather shellfish. My childhood was spent in the mangroves, I always enjoyed going into the woods, I was happy to be there, it was always my space. I etched my first love on a mangrove tree. My whole life has been in this territory. It's a very deep relationship I have with my place. Our family comes from humble beginnings, my father, Manuel, is a fisherman. When the going got tough, I always helped my mum. Being the youngest, I helped put food on the table by going shellfish gathering or fishing for my mum to make lunch. I always pulled crabs out by hand, I'd plunge my arm into the mud to take them out of the hole. I have crab bite scars to this day. I always enjoyed being in the mangroves and forgot the world when I was in there. Even with mosquitoes biting me, I enjoyed shellfishing and liked getting to know the places, to have a day out. As soon as I go out of school I'd want to go to the mangroves.

C.S. – What's it like working in the mangroves?
Eliete Paraguassu da Conceição – Shellfish gathering has always been my *forte*. I fish too, but net fishing is more of a collective, group thing. The mangrove is more of a place for women. We have a connection with the mangrove, we learn to identify the songs of the birds, as well as of the land and aquatic species. The shellfish, the *aratu*, the mussels, they also "sing". They make a click, a form of communicating. And it lets us know where to find the mussels. They "sing" a lot in the mangroves. In the mangroves, you can gather shellfish all month because you learn to work with the tides. There's the small, "breaking" tide, and there's the "crown" tide. The "crown" tide occurs every 10, 12 or 15 days. This is when we catch the most expensive shellfish, lobster and the blue crab, with a higher production rate. There's also the West Indian fighting conch, a very expensive, white-fleshed aphrodisiac mollusc used in salads. It grows on the nearby sand banks more than in the open sea. In one *fachiada*, I've caught seven kilos of crab in one night. That's the same as I catch in three days' work in the daytime.

C.S. – What is *fachiada*?
Eliete Paraguassu da Conceição – It's the art of fishing that I love the most. The *facho* (beam) is a type of lamp. There's also the *caruxa*, which is a bigger lamp. It has a wider beam, with more light. We work from ten at night until three in the morning. At night, there's not much wind, so it takes less effort to row. The waters are calmer, there's no noise, there's no sun to punish your body, the sacrifice you have to make is not as great. We made an adaptation to the *caruxa* because when it rains the wick gets wet and goes out. We adapted it as a torch so that it wouldn't go out and we could carry on working. It's very common for women to work three tides a day. From 5 a.m. to 8 a.m.; then go out again at 2 p.m. and sometimes stay out for the *fachiada*. That's on top of household chores and the social movement. We move according to the tides and the moon.

C.S. – You have done a lot of work in defence of the mangroves, the environment and women shellfish gatherers. How did your activism begin?
Eliete Paraguassu da Conceição – When I was 17 to 18 years old, the Fishermen's Pastoral came to my community of Porto dos Cavalos, on Ilha de Maré. The Pastoral brought a very important idea: that we are the protagonists of our own history. So, I started defending this space that feeds my family. The mangrove is rich, it is sacred, it is a space of life, the mangrove feeds the nation and is a portal to our ancestry. Some popular sayings that associate the mangrove with a disorganised place really get on my nerves. In Brazil, people say "you're mangroving it up" or "my house is like a mangrove swamp", as if the mangrove were a rubbish dump, a mess. The mangrove is a nursery of life, which balances the environment, which shows us if there is any contamination. I call it a place of sacrifice for humanity. But the mangrove area is ancestral and has its protectors. Nanã is the protective *orixá* of the mangrove swamp. That's why women defend the mangroves.

C.S. – You've said that the mangrove is a gateway to the ancestry of the communities. In what sense is it this portal?
Eliete Paraguassu da Conceição – My community is in the north of Ilha de Maré, a *quilombola* territory, a black territory traditionally occupied by fishermen, in the heart of the Todos os Santos Bay. Slave ships used to pass through here when they came from Africa. The communities of Ilha de Maré were born out of this slave trade history in the Recôncavo Baiano region. On the island, there are six recognised *quilombos* and four more in the process of being recognised. My house overlooks 13 hectares of mangrove forest. There are mangroves in front, to the side and at the back of my house. I'm from the mud of the mangroves. I get emotional when I talk about it (voice cracking). My fight also gained force because of my daughter, Diana. In 2004, the Federal University of Bahia carried out a survey in the community and it was found that my daughter was contaminated with heavy metals. She has many health problems, but to this day I have not had a precise diagnosis. More tests are needed to find out what she has. On Ilha de Maré, there are numerous cancer cases. The state needs to perform research into the water, soil, fish and people. It's been almost two decades since that first survey. This is what drives us to fight against environmental racism.

C.S. – How have the women shellfish gatherers organised themselves and what have they achieved so far by fighting together?
Eliete Paraguassu da Conceição – The struggle of the women of the waters is for us to have a healthy, environment for good living, free of contamination, with quality food and for us to be able to live in our territory. It's environmental racism that decides to dump its garbage in the mangroves. But it's my body that's submerged in these waters and in this mud. It's a place where there are people, bodies and food. Environmental racism does not see us and threatens our food security. It makes us vulnerable. That's where environmental racism has decided to dump its rubbish, be it human or industrial. This place gets sick and those who place their bodies there get sick too. Environmental racism sacrifices the mangroves.

C.S. – Apart from the garbage, what is the biggest danger to the mangroves today?
Eliete Paraguassu da Conceição – Our biggest problem is the clearance of mangroves to build refineries, ports, chemical and oil industry projects. From 2019 to 2020, a large company uprooted seven hectares of mangrove forest in a quilombola territory. We staged a major act of protest and denunciation. The company decided to sue us for damages to its assets. What about our assets? The company claimed it had a licence to remove the mangrove, but there no discussion was held with the community. It was a great hardship for us. We were born to guarantee the right to live in our chosen place. When the development came along, we were already there. We are living in extremely violent conditions and suffer various forms of persecution. I myself have received death threats. I don't leave the house alone; I don't go to public places. I had to leave the territory. But God and the *orixás* have never abandoned me. I'm a daughter of Iansã, I'm a woman of the waters, I'm a woman of the mangroves. I'm in another strategic place, at the Ministry of Fisheries in Brasília. This government took me in and we take the fight forwards from wherever we are.

C.S. – And what will the next struggles be for the women of the waters?

Eliete Paraguassu da Conceição – We've achieved an important project for women's empowerment because it has enabled us to sell the shellfish at a better price. Petrobras has been operating in the area for a long time and joined this project as environmental compensation. There are 120 units with freezers, equipment and stainless-steel worktops to clean and process the fish with greater quality and hygiene. This is a godsend for the fishing communities. Now we have a storage freezer and we don't have to sell the products at any price to a middleman due to a lack of storage space. We started talking in 2012 and in 2022 began to implement the plan. Almost 70 kitchens have already been delivered and almost 350 women will benefit from them. The project is called "Mariscar é uma arte" [Shellfishing is an art] and it's on Instagram. The project also has a set of training actions within the understanding of the women of the community and a process of monitoring their health, to reduce occupational illnesses from fishing activities. This project could be the basis of a public policy for women of the waters and that's what I intend to ensure at the General Coordination of Fisheries Assistance and Inspection of the Ministry of Fisheries.

PEDRO BELGA

IN GUANABARA BAY, THE MANGROVE GARDENERS

BAÍA DE GUANABARA, RIO DE JANEIRO

Since he was a child, marine biologist Pedro Belga's destiny has been shaped by his love of Guanabara Bay, in the state of Rio de Janeiro. From a humble background, he soon began volunteering to assist communities around the bay. His contact with fishermen and shellfish gatherers showed him the way to defend the environment while respecting the wisdom and knowledge of traditional peoples. That was how the biologist founded the Guardiões do Mar [Guardians of the Sea]. "I created the NGO with a bunch of crazy people like me. At first it was very difficult, I had no money for anything. I have no regrets. I'd do it all over again," he reminisces.

Today, at the age of 60, he reaps the rewards of a lifetime dedicated to Guanabara Bay. The achievements of the Guardians of the Sea include the planting of 120,000 mangrove trees. Is that a lot? For them, it's just the beginning. The goal is to plant one million mangrove trees by 2030. A gift to the bay and to the planet.

Cristina Serra – How did your history with Guanabara Bay and the mangroves begin?

Pedro Belga – When I was little, there was no Rio–Niterói bridge yet and I used to cross the bay by ferry. I would lean over and watch the dolphins. I was so charmed by them and that image has remained very vivid in my mind. At the age of 13, coming from a socially vulnerable community, I joined a Catholic youth group. I wanted to change the world around me. That's when I got to know the island of Itaoca, in São Gonçalo, which is home to communities of artisanal fishermen, crab gatherers and blue crab meat pickers. They break the blue crab shell and pick out the meat to sell to a middleman. In those days, girls aged eight or nine would help their mothers and, in the process, they ended up losing their fingerprints. This really startled me and made me want to work with the communities. I was also amazed by the island's beauty; there is a chapel that was founded in 1647. That's where I learnt about mangroves. Back then, we took food, warm clothes and toys to those who worked on the island's rubbish dump. We met families who were already in their fifth generation of living off picking through rubbish and foraging for food in that place. All this led me to what I do today, with 13 communities in Guanabara Bay, across eight municipalities.

C.S. – So, in your work do you have a social concern associated with the effort to preserve the bay and the mangroves around it?

Pedro Belga – I needed to show people that the bay was alive because I got to know a bay that most people don't know. I used to live there, in the backwaters, at the end of the bay. For many people, the bay ends at the Rio–Niterói bridge. Even inhabitants of the back end don't understand that it is a drainage basin and not just this 389 square kilometre body of water. It's a 4,000 square kilometre basin, taking into account the rivers that flow into it. There are seven municipalities on its banks: Rio de Janeiro, Niterói, São Gonçalo, Itaboraí, Guapimirim, Magé and Duque de Caxias. But there are 10 other municipalities in the mountains that contribute, positively or negatively, to the bay. Two hundred thousand cubic metres of water per second reach the bay, bringing water, silt, sand, clay, fridge doors, sofas, televisions, plastic bottles... People don't make the connection that when they throw a plastic bottle into the river in Cachoeira de Macacu, it ends up in the bay. Since then, my job has been to show this ecosystemic connection and raise people's awareness. The NGO Guardians of the Sea was founded in March 1998 with the premise of proving that the bay is alive, beautiful, and that it exists, resists and persists.

C.S. – Soon after Guardians of the Sea was set up, there was the Petrobras oil spill in the bay. How did that affect your work, which was, and is, already so difficult?

Pedro Belga – The spill was in January 2000. Roughly 1,298,000 litres of oil spread around the bay. At the time, 98% of experts said it had died. As I lived in it, I said: "No, it has not died. It's in intensive care, but can recover." I volunteered and went to the island of Itaoca to help clean up. I remember the cormorants drenched in oil. At that time, I went to work for the São Gonçalo local government, and the Guardians of the Sea signed its first partnership with Petrobras for an environmental education activity, showing children how litter ends up in the mangroves. Adílio Campos, a crab gatherer since the age of nine, told me one day: "Pedro, you know I raised my 11 children from gathering crabs, most of them are gatherers too. You know the bigwigs at Petrobras and the local government, can't you get us a bit of money to clean up the mangroves? Because where there are sofas, where there are TV sets, there'll be no crab burrows, there'll be no burrows at all." Just look at the mentality of that simple man, who knew his surroundings so well. That's when we created "Operation Clean Mangrove". I presented a project to Petrobras proposing an action to clean up the mangroves, with a living allowance for the crab gatherers during the closed season that year. During the closed season, crabs cannot be harvested or sold because they are in their reproductive period. In this first action, 79,000 plastic bottles and 18,883 toys were collected. It worked so well that the operation has been maintained to this day.

C.S. – In addition to the clean-up, the NGO decided to invest in planting mangroves. How do you restore an ecosystem that has been degraded for centuries?

Pedro Belga – We need to understand the historical process of aggression against the mangroves. When the royal family arrived in Brazil in 1808, there were 262 square kilometres of mangroves in the bay. It started in Botafogo, went all around the bay and as far as Itaipu beach in Niterói, almost reaching Maricá. Today, we only have 62 square kilometres . The bay has been subjected to numerous landfills, port construction projects and other human interventions that have affected the mangroves. Today, Rio de Janeiro and Duque de Caxias are paved and waterproofed. Magé is undergoing a very rapid urbanisation process, but still has green mangrove areas. Niterói, São Gonçalo and Itaboraí are also entirely urbanised. Then you get to the end of the bay and there's Guapimirim with the Environmental

Protection Area (APA) and that breath of green life. The 1970s witnessed substantial devastation because of the mangrove wood. It burns for longer, generating more heat. This wood fuelled the kilns of the potteries that produced the tiles and bricks of the cities around the bay. In 1984, when the mangroves were almost completely devastated, the late geographer Elmo Amador and some other environmentalists exerted a lot of pressure and, still under the military regime, the Guapimirim APA was created. Amador said that the APA prevents the deadly strangulation of the Guanabara Bay precisely because it preserves the mangroves. It was Brazil's first protected area dedicated to mangroves. It covers 14,000 hectares, of which 6,000 are exclusively mangroves. And at the heart of the APA is the Guanabara Ecological Station, which is the largest continuous strip of preserved mangrove forest in the state of Rio de Janeiro. If it weren't for that, there would be no life left in Guanabara Bay.

C.S. – How is the mangrove planted? It sounds quite complex.
Pedro Belga – Restoring the mangrove forest is complex because it's a site subject to difficult weather conditions. It depends on the moon, the tides and there's an unbearable quantity of mosquitoes and midges (laughs). Some days the tide is so high you can't plant anything; some days it's so low you're up to your waist in mud. We started planting in 2013 with the Cooperativa Manguezal Fluminense [Rio de Janeiro State Mangrove Cooperative], which was running mangrove seedling nurseries. But a significant portion of nursery seedlings are lost, around 55%, because they are cultivated in ideal conditions and then move to the environment where they will be subject to temperature and hydrological changes, among others. We then changed our working method. The seed of the red mangrove mother tree, which has aerial roots, falls to the ground with a ready-made tree inside it. This seed is called a propagule. The propagules fall, are lodged in the mud, grow and some die due to competition. This observation made by the fishermen, which we call social technology, was a valuable factor in the planting activities. What we do is reduce the competition. We take the excess seeds, which would naturally die, and transplant them. The seeds that are squeezed under the mother tree are removed and taken to a 2 x 2 m space. So the seedling is already adapted from the site itself. This has meant we restrict the losses to no more than 12%. Our only enemies are the baby crabs, which love to eat the stems, so we have some loss through herbivorous behaviour. And we hire fishermen and crab gatherers to plant the seedlings. The fishermen, initially hired, became partners for life. All our restoration and conservation actions are fully aligned with the traditional peoples of the Guanabara. These are people who are accustomed to the environment. The distinctive feature of our work is that we value the local knowledge of the communities. In ten years, we have planted 120,000 trees in a 42.2-hectare area of mangroves in the Guapimirim APA. Today, we have a guide to restoration that is a national reference. Every tree we have planted was not just for the bay, it was for the world because each hectare of mangrove sequesters up to ten times more carbon from the atmosphere than a continental forest. It's a climate regulator.

C.S. – Apart from carbon sequestration, what other ecosystem services do mangroves provide?
Pedro Belga – The contaminants that are carried by the rivers are filtered and retained in the mangroves. The effect is that of a biological filter. The mangrove is also a nursery for life. At least 60% of marine species depend on mangroves at some point in their lives to survive, whether as larvae, juveniles or adults. The Atlantic goliath grouper, for example, the lord of the rocks, a fish that can weigh up to 450 kilos, is born in the mangroves and needs to stay close to them until it is seven years old. It doesn't swim into the open sea before then. If there were no mangroves? There'd be no fish, no crab. The shape of the roots helps to reduce the impact of bad weather, such as a storm or sea swells, for example. The mangrove also offers scenic beauty for community-based tourism. That's a lot of ecosystem services and a lot of job and income generation. In the collective unconscious, mangroves are dirty, muddy, smelly and full of mosquitoes. Mangroves that aren't filled with sewage have clear water and the normal odour of any anaerobic decomposition. The mangrove is pure life!

C.S. – In a scenario of so much socio-environmental aggression, do you believe it is possible to expand the restoration of mangroves around Guanabara Bay?
Pedro Belga – The mangrove is one of the most resilient ecosystems there is, and the bay is the result of that resilience. I have a dream: to plant a million trees in the Guanabara Bay by the year 2030. I've already reached 120,000. I've already secured ten percent (laughs).

C.S. – Is that enough time for such an ambitious goal?
Pedro Belga – It can be done. Since 2012, we've trained a significant workforce. As well as planting, cleaning up the mangroves is also important in the restoration process. It's a very arduous task. Removing a 29-inch TV buried in mud, truck tyres, is no easy job. We cleaned up the mouth of the Guaxindiba River, a 15,000-square metre area, and monitored it until 2018. We didn't plant a single seedling, and the forest recovered on its own. All that was needed was to get rid of the rubbish that had been dumped there. On account of this work, we are now partners of the United Nations Environment Programme (UNEP). As long as there are crab gatherers, quilombolas, artisanal fishermen who rely on the bay and the mangroves to survive, I'll be there helping. It's the cause of my life.

C.S. – You work with many partnerships, both private and public companies and organisations like the UN. How would you assess the results of this work?
Pedro Belga – We have the sponsorship of big Brazilian companies: Petrobras and Transpetro, whose conflicting public is artisanal fishermen, for example. I get everyone together. I don't have a formula, but I know it works. I can ensure that communication is established between them and that everyone understands each other's role: the company that makes the wheels of the economy turn and the traditional peoples who, with support, can make their projects, actions and improvements in their communities become reality. Sponsored projects always involve a transfer of income via a living allowance for the continued training of teenagers from the community. In 25 years, 470 teenagers have been trained in Guardians of the Sea projects. I come from the same background, I know what it's like to sleep with a rumbling stomach. Over the years, I've realised that just shouting won't get you heard. You have to show what the problem is and point out solutions. Then, we can talk.

DRIELE FARIAS DOS SANTOS

LIFE TO THE RHYTHM OF THE TIDES

SÃO JOÃO DA PONTA, PARÁ

Fisherwoman Driele Farias dos Santos, 38, comes from a family of 12 siblings. From an early age she learnt from her mother, Dona Josefa, how to understand the mangroves and make a living from them. "My mother helped my father bring us up, going to the mangal every day. At the age of eight, I would already go with her and watch her work," says Driele, who lives in Porto Grande, in the municipality of São João da Ponta, north-eastern Pará.

For those who work in the mangroves, their daily routine starts very early in the morning. At 6 a.m., Driele is already in the canoe with her five siblings. It's the start of a journey that will only end about ten hours later. "I love the mangrove, we have the wisdom to work there in harmony with nature, but it's very tiring," she says, and explains how men and women have different techniques to "take the crabs out" of their burrows. She goes on to describe a life ruled by the tides in the São João da Ponta Extractive Reserve.

Cristina Serra – How does a woman who works in the mangroves live?
Driele Farias dos Santos – Everyone has to help each other here. I have a little boy, Apolo, aged two, whom I leave with my sister, and my eldest, Caroline, aged 13, goes to school. At six o'clock in the morning, we get in the canoe. There are six of us, three sisters and three brothers, who survive on fishing and crabbing. We take food and stay out in the mangroves all day. Or, when we don't take food from home, we take a fishing line, catch and roast a fish or cook a crab.

C.S. – How do you catch crabs in the mud? It sounds like a very difficult task.
Driele Farias dos Santos – We don't catch crabs here. We say we "take out" the crab. The women work in a drier area of the mangrove. When we get to the mangroves, we get off two by two. Each pair works in an area. It's a good way to work because we share the workload, we have each other's company and it also makes it safer, especially for us women, it's always good to have someone around. We cover a lot of ground in the mangroves. It's almost one kilometre from the riverbank to where we take out the crab, walking over roots. It's very tiring. And then the same walk all the way back to the boat.

C.S. – How do you manage to catch the crabs?
Driele Farias dos Santos – I learnt to snare them from my mother. We prepare the snare and put one in each hole. It's a very thin piece of wood with a nylon noose attached to the end. Then we wedge the wood into the mouth of the hole and when the crab crawls out, it gets tangled up. The next day, we come back and it's stuck in the noose. Women don't sink their legs into the mud. Even so, we still need protection. There's a cloth shoe we wear so as not to pierce our feet on the roots. And the rubberised gloves. In the past, our hands were always wounded by the crabs. They have very sharp claws and our hands would be covered in holes. We also have the *laceira*, a little bag to carry our snares and water bottle.

C.S. – Is the captured crab trapped until the next day when you come back to collect it?
Driele Farias dos Santos – Yes, but we lose a lot of crabs to competing animals that like to eat crab. Raccoons, coatis, hawks, monkeys. If we set about 200 snares a day, the raccoons will come and eat about 60 of them. They're devastating, they eat everything. And we don't catch crabs in every snare because sometimes the noose fails too. In the remaining 140, we might catch about 100. Monkeys also eat the crabs. They rip the nooses off and throw them away. If there's a crab, then the monkey eats it. When there's no crab, it throws the noose away anyway and dismantles the snare. It's a big, black monkey that loves eating our crabs.

C.S. So the women "take out" the crab with the snare technique? Do the men catch them using a different method?
Driele Farias dos Santos – Men catch them by the "plugging" method. They stick their hand down the hole, pushing mud down into the hole until it's so clogged up that the crab can't get to the surface. They wait about 15 minutes and then reach in and grab it before it dies.

C.S. – How do you transport the crabs? Carrying 100 to 150 animals must be very heavy.
Driele Farias dos Santos – That part is really tiring. First, we "unhook" them one by one and then reset the snare to catch another one to collect the next day. And we put them in plastic bags. We carry up to 60 or 70 crabs, which is very heavy and challenging because there are so many roots to cross. Sometimes you have to walk a kilometre over the roots. When there are too many crabs to carry, we sometimes leave some behind for the next day. We make lots of breathing holes in the bag and, as it's quite cool in the mangroves, they hold up well until the next day. We leave the bag behind the trees to pick up afterwards.

C.S. – How much do you earn per day of work in the mangroves from the crabs?
Driele Farias dos Santos – We sell the crabs for R$1.50 (equivalent to US$ 0,30) each. If I sell 100 crabs in one day, I make R$ 150 (US$ 30.00). But that doesn't happen every day. It all depends on the size of the crab. The bigger, the higher the price. We sell to the middleman, the *marreteiro*. He takes the crabs to sell in Belém. Now they are trying to create an association of shellfish gatherers. I think that could leverage the value of our work, if we could sell our crab directly. Maybe we would earn more.

C.S. – What else do you take out of the mangroves apart from crabs?
Driele Farias dos Santos – The mangrove is my livelihood. We have two tidal periods, the "high water" (or *lanço* in Portuguese) tide and the "dead" tide. The "high water" is when the tide comes all the way into the mangrove swamp, filling it so it's huge, it occurs when there's a full moon. The "high water" is when the raccoons come out to eat our crabs. The "dead" tide is when the tide doesn't enter the mangrove. There's always something to catch in the mangroves. There is the *tamaru*, which looks like a shrimp or a small lobster, about the size of your index finger. It lives in the mud on the edge of the *igarapé* (a stream or river in the Amazon). We knead the holes with our feet until it comes out of the hole. There's also the *turu*, which you find in the branches that fall into the clay. We cut the branch, take it out and eat it. The *turu* is like a larva, and it makes a delicious soup. And we have our fishing grounds. When we get back early from the mangrove swamp, we stop at the fishing grounds. We fish for stonefish, *pescada*, *piaba* and *bandeirado*. The mangrove swamp is a nursery for many species that come here to spawn: grey mullet, catfish. There are all sorts in the mangroves. And we work while respecting the species need to breed.

C.S. – There's a period when you can't "take out" the crab. How do you make a living during that period?
Driele Farias dos Santos – We don't "take out" any crabs during the "walking" season, which is when it leaves its burrow to mate and reproduce. This happens for a few weeks in December, January, February and March. It's a difficult time because we don't receive the closed season insurance. What we get is the Bolsa Família (Family Allowance welfare scheme). But we have our farm too, we produce flour, we make a bit of everything and we sell it to make ends meet.

C.S. – Of all your productive activities, which do you enjoy the most?
Driele Farias dos Santos – What I most enjoy is going to the mangroves. Like I said, it's tiring, it has its consequences, we suffer from back ache. My mum bemoans us for working in the mangroves like she did, because she suffered so much. She got rheumatism and stopped working in the mangroves. But I enjoy it. We were brought up seeing nature, we have adapted, I feel closer to nature when I'm in the mangrove. But I don't want my daughter to work like me. Nor does she want to. She tells me she wants to go to university and give me a better life. I want that too and, through my work in the mangrove, I'll be able to make sure she continues her studies.

ALEXANDRE ANDERSON DE SOUZA
THE RESISTANCE OF THE MEN OF THE SEA
BAÍA DE GUANABARA, RIO DE JANEIRO

One of Rio de Janeiro's most famous picture postcard scenes is the stage for the daily battles of fisherman Alexandre Anderson de Souza, 52, founder of the Association of Men and Women of the Sea of Guanabara Bay (Associação dos Homens e Mulheres do Mar da Baía de Guanabara – AHOMAR). Having worked in fishing for 26 years, Alexandre has witnessed the impacts of major developments around the bay. These industrial activities have been increasingly restricting artisanal fishing areas and polluting the water and mangroves, creating an environment of conflict, violence and tension for the fishermen.

Alexandre's work in defence of the environment has made him a target. He has already suffered attacks and, being admitted to the Programme for the Protection of Human Rights Defenders, had to move away from Rio de Janeiro. To this day he needs a police escort due to the threats he receives. The risk to his life, however, has not kept him away from the place that is his home and where he practises the vocation passed down from generation to generation in his family. Alexandre Anderson, who knows the bay's mangroves inside out, has a warning that sounds like a cry for help: "The mangrove is a living being and the bay is a divinity for us. If you take the bay away from the fishermen, we fall ill and die."

Cristina Serra – How and why did you become a fisherman?
Alexandre Anderson de Souza – My vocation comes from the soul, from the blood. I was a child and my father used to take me fishing. We used to go to the beach on Ilha do Fundão and to Ramos beach, on the Guanabara Bay in the state of Rio de Janeiro. He took great pleasure in taking the fish home. He was an excellent swimmer, fishing with a throw net and butterfly net to catch crab. He talked a lot about my grandfather, who was a fisherman in Portugal, in a community on the island of Madeira. He dived to catch lobster and shellfish. And on my mother's side of the family, I'm of indigenous descent. That's why I say that the sea has always been with me.

C.S. – Did you choose to work at sea from an early age?
Alexandre Anderson de Souza – Before becoming a professional artisanal fisherman, I studied accountancy and worked for a cargo company from the former Soviet Union that operated in Brazil. I even learnt to speak a bit of Russian and the company wanted to take me there. But I never wanted to be far from my family. In 1997, I already had a son and moved in with my parents near Mauá beach in Magé. My brother-in-law was a fisherman and invited me to work with him.

C.S. – Was that your reunion with the sea?
Alexandre Anderson de Souza – I rediscovered myself in the relationship between man and nature. I felt that I belonged there, boat fishing. Through a lot of effort, I learnt how to make nets, and how to fish in rough seas. I caught pneumonia eight times (laughs). But I like to feel the wind, all this really attracted me. That's when I got married, in 2001, and started to support my new family by fishing. There were days when I spent more time at sea than at home. We're not just fishermen, we're men of the sea. In our line of work, depending on the time of year, in winter for example, we spend more time at sea. And also because pollution is forcing us to go farther and farther off shore to catch the bare minimum of fish for our own sustenance. The big Petrobras oil spill in January 2000 was terrible for us and to this day the bay is suffering from the impact of that spill. I remember my boat, the *Luzia*, all dirty with oil.

C.S. – As a fisherman for 26 years, how do you assess the importance of mangroves for fishing?
Alexandre Anderson de Souza – The mangrove is crucial to our survival. More than 70% of the fish in the metropolitan region of Rio de Janeiro come from the Guanabara Bay. If, even with all the pollution, the bay is still productive, it's because of the mangroves. The largest mangrove swamp in Rio de Janeiro is in the Guapimirim Environmental Protection Area (APA), which is the most unspoilt part of the bay. Duque de Caxias also has a mangrove area. Fishermen know that mangroves are like the lungs and heart of human beings. The lung because the mangrove oxygenates the water. The heart because it is home to so many species. There are shrimps, crabs, sea bass, rays and small sharks, all thanks to the mangroves. Sometimes Guiana or *tucuxi* dolphins swim round the edge of the mangroves and into the rivers. They come to feed and several species come to mate. Estuarine species represent the fisherman's food security. Shrimp fishing is the fisherman's Christmas bonus wage.

C.S. – What is the situation with the mangroves around the Guanabara Bay today?
Alexandre Anderson de Souza – The mangrove is a very sensitive vegetation and in many areas of the bay it is dying. We have black, grey, red and white mangroves, each with their own characteristics. The red mangrove is the tallest, most exuberant and most common in the bay. The grey shrimp spawns in the mangrove swamp. If there are no mangroves, there are no prawns. Sea bass, coney yellow hake, sea bass, crabs, everything comes to the mangroves or lives in the mangroves. It is our livelihood, our life and our history. As mangrove men and women, our umbilical cord is attached to the Guanabara Bay. In the past, wood was harvested from the mangroves in a sustainable way to make firewood, fences and fishing corrals — a craft invented by the indigenous people and which still exists in the bay. Over time, timber harvesting was banned and today the fish enclosures are made from eucalyptus.

C.S. – What are the biggest threats to the Guanabara bay fishermen and mangroves today?
Alexandre Anderson de Souza – There are several threats, numerous human interventions and major developments in and around the bay — mainly oil activity — which suppress an extensive mangrove area. The biggest threat is the suppression. There are more than 40 offshore pipelines in the bay. To install the pipelines, the mangrove area has to be cleared. COMPERJ (Petrobras' Rio de Janeiro Petrochemical Complex, the construction work of which was interrupted in 2015) removed more than 20 hectares of mangrove forest. There is another threat, which is the dams upstream of the rivers, which collect water for various purposes: irrigation of agricultural areas, human consumption and leisure. When the water returns to the river, it carries the poison used on the crops and will be full of it when it reaches the mangrove swamp and the bay. Another problem is irregular anchoring. Ships discard

bilge water and use the bay as a latrine. There are so many companies guilty of this pollution. We see a lot of oil and chemical and plastic materials, such as cups and plastic bags that should be biodegradable, yet remain in one piece in the sea.

C.S. – You set up Ahomar in 2007 and have a very strong record of calling out polluting companies. Since then, you've been the target of attacks and to this day need police protection. What's it like to live at the risk of losing your life?

Alexandre Anderson de Souza – They have tried to kill me six times and twice they managed to shoot me, even though I had a guard. In 2010, I was shot and almost died. One of the policemen who was protecting me was also shot. In 2012, I received a warning that there would be another assassination attempt on me and we were rushed out of our house. We joined the federal government's Programme for the Protection of Human Rights Defenders. My codename was "Fisherman". My family and I dropped everything overnight. We spent seven years away, living in various different places. We were forced to leave some places because the residents of the building didn't want to be around someone who could be killed. They said that our presence put everyone near us at risk. It's awful to have to live like that. There were seven of us in my family living in forced exile. After seven years away, I asked to come back. We returned to Magé in July 2019 and that's when I took up the fight again. My departure from here was a blow to the environmental struggle because I left at a time when we were making a lot of progress against polluting companies. With the help of the Federal Public Prosecutor's Office, we filed around 40 Public Civil Actions (ACPs) and managed to stop projects that were polluting. Today, I'm still protected by a police escort.

C.S. – Why did you want to come back, even at the risk of your life?

Alexandre Anderson de Souza – In 2011, I was offered a special visa for human rights defenders to live abroad. But I've never wanted to live far from my family and I'm pig-headed. What kind of man would I be if I couldn't do something for my neighbour? I don't want to be a martyr, but the bay is my passion. If I can't work on it, it will be like dying little by little. A man can also be killed by sadness. I have five grandchildren, the eldest, aged 14, already goes fishing with me. My story is at sea. If you take the fisherman out of the sea, you take him out of his story. In all these years, we have already lost four comrades in this struggle. Two were shot dead and two are still missing. Ahomar is the last line of resistance in the Guanabara Bay. It's an involuntary resistance. We didn't choose this, but we have to fight. And the day I leave, I'll be at sea.

CURRÍCULOS [RESUMÉS]

ALEXANDER TURRA

É professor titular do Instituto Oceanográfico da Universidade de São Paulo e coordenador da Cátedra Unesco para a Sustentabilidade do Oceano, sediada no Instituto Oceanográfico e no Instituto de Estudos Avançados da Universidade de São Paulo. É biólogo com mestrado e doutorado em Ecologia pela Universidade Estadual de Campinas. Sua atuação se volta para o exercício da pesquisa interdisciplinar e integrada, com foco em temas como governança, manejo integrado e conservação marinha, impacto ambiental marinho, mudanças climáticas, poluição marinha (lixo nos mares) e biodiversidade marinha.

He is a Full Professor at the Oceanographic Institute of the Universidade de São Paulo and Coordinator of the Unesco Chair for Ocean Sustainability, based at the Oceanographic Institute and the Institute for Advanced Studies at the Universidade de São Paulo. He is a Biologist with a master's and doctorate in Ecology from the Universidade Estadual de Campinas. His activities focus on interdisciplinary and integrated research, mainly on topics such as governance, integrated management and marine conservation, marine environmental impact, climate change, marine pollution (marine litter) and marine biodiversity.

ALFREDO NASTARI

É arquiteto, jornalista e editor, com a carreira voltada à divulgação científica e cultural. Trabalhou na Editora Abril por 20 anos e fundou e dirigiu a Duetto Editorial, na qual lançou os títulos *Scientific American Brasil*, *História Viva*, *Mente & Cérebro*, *Entre Livros* e *Diapason*, dentre outros. Velejador e capitão amador, nos últimos anos tem se dedicado à divulgação científica dos oceanos. É idealizador e diretor executivo da São Paulo Ocean Week, evento anual de sustentabilidade e cultura oceânica.

He is an architect, journalist and editor, with a career focused on scientific and cultural dissemination. He worked at Editora Abril for 20 years and founded and directed Duetto Editorial, in which he launched the titles *Scientific American Brasil*, *História Viva*, *Mente & Cérebro*, *Entre Livros* and *Diapason*, among others. An amateur sailor and captain, in recent years he has devoted his attention to scientific dissemination related to the oceans. He is the creator and executive director of São Paulo Ocean Week, an annual sustainability and ocean culture event.

ARTHUR SOFFIATI

Tem graduação em história pela Faculdade de Filosofia de Campos (1973), mestrado em Programa de Pós-Graduação em História pela Universidade Federal do Rio de Janeiro (1996) e doutorado em História Social pela Universidade Federal do Rio de Janeiro (2001). Atualmente é professor associado e aposentado da Universidade Federal Fluminense. Tem experiência na área de História Social, com ênfase em História Ambiental.

He has a degree in history from the Faculdade de Filosofia de Campos (1973), a master's degree in a postgraduate program in History from the Universidade Federal do Rio de Janeiro (1996) and a doctorate in Social History from the Universidade Federal do Rio de Janeiro (2001). He is currently an associate and retired professor at the Universidade Federal Fluminense. He has experience in the area of Social History, with an emphasis on Environmental History.

CÁSSIA DE OLIVEIRA FARIAS

Graduada em Oceanografia pela Universidade do Estado do Rio de Janeiro (UerjJ). Mestre em Geoquímica Ambiental pela Universidade Federal Fluminense. Doutora em Química Analítica pela Pontifícia Universidade Católica do Rio de Janeiro. É professora associada da Faculdade de Oceanografia da Uerj, onde coordena o Laboratório de Geoquímica Orgânica Marinha (Lagom). Professora e orientadora nos Programas de Pós-Graduação em Oceanografia e Gestão e Regulação de Recursos Hídricos da Uerj. Membro do Programa Ecológico de Longa Duração (Peld-Baía de Guanabara) e do Brazilian Ocean Acidification Network (BrOA).

Graduated in Oceanography from the Universidade do Estado do Rio de Janeiro (UERJ). Master in Environmental Geochemistry from the Universidade Federal Fluminense. PhD in Analytical Chemistry from Pontifícia Universidade Católica do Rio de Janeiro. She is an associate professor at the Faculty of Oceanography at UERJ, where she coordinates the Laboratory of Marine Organic Geochemistry (LAGOM). Professor and advisor in the Postgraduate Programs in Oceanography and Water Resources Management and Regulation at UERJ. Member of the Long-Term Ecological Program (PELD-Baía de Guanabara) and the Brazilian Ocean Acidification Network (BrOA).

CLÁUDIA CÂMARA DO VALE

Tem graduação em Geografia pela Universidade Federal do Espírito Santo (1992), mestrado e doutorado em Geografia Física pela Universidade de São Paulo (2004). É professora titular da Universidade Federal do Espírito Santo. É coordenadora do Laboratório de Biogeografia e Paisagem Geográfica. Faz parte da Rede de Monitoramento de Hábitats Bentônicos Costeiros, ReBentos, vinculada à sub--rede Zonas Costeiras da Rede MCTI e ao Instituto Nacional de Ciência e Tecnologia para Mudanças Climáticas (INCT-MC). Faz parte do corpo docente do Curso de Graduação e Pós Graduação em Geografia do Departamento de Geografia da Ufes.

She has a degree in Geography from the Universidade Federal do Espírito Santo (1992), a master's degree and a doctorate in Physical Geography from the Universidade de São Paulo (2004). She is a Full Professor at the Universidade Federal do Espírito Santo. She is coordinator of the Biogeography and Geographic Landscape Laboratory. It is part of the Coastal Benthic Habitats Monitoring Network, ReBentos, linked to the Coastal Zones Sub-Network of the Climate Network/MCT and the Instituto Nacional de Ciência e Tecnologia para Mudanças Climáticas (INCT-MC). She integrates the teaching staff of the Undergraduate and Postgraduate Course in Geography at the Department of Geography at UFES.

CLÁUDIA HAMACHER

Graduada em Oceanografia pela Universidade do Estado do Rio de Janeiro (Uerj). Mestre e doutora em Química Analítica pela Pontifícia Universidade Católica do Rio de Janeiro. É professora associada da Faculdade de Oceanografia da Uerj, onde cocoordena o Laboratório de Geoquímica Orgânica Marinha (Lagom). Professora e orientadora nos Programas de Pós-Graduação em Oceanografia e de Gestão e Regulação de Recursos Hídricos da Uerj. Membro do Programa Ecológico de Longa Duração (Peld-Baía de Guanabara) e do Brazilian Ocean Acidification Network (BrOA).

Graduated in Oceanography from the Universidade do Estado do Rio de Janeiro (UERJ). Master and PhD in Analytical Chemistry from the Pontifícia Universidade Católica do Rio de Janeiro. She is an associate professor at the Faculty of Oceanography at UERJ, where she co-coordinates the Laboratory of Marine Organic Geochemistry (LAGOM). Professor and advisor in the Postgraduate Programs in Oceanography and Water Resources Management and Regulation at UERJ. Member of the Long-Term Ecological Program (PELD-Baía de Guanabara) and the Brazilian Ocean Acidification Network (BrOA).

CRISTINA SERRA

Graduada em Jornalismo pela Universidade Federal Fluminense, foi repórter nas redações do *Jornal do Brasil*, da revista *Veja* e da Rede Globo. Na televisão, foi repórter do Jornal Nacional, correspondente nos Estados Unidos e repórter do programa Fantástico. Hoje dedica-se prioritariamente aos temas ligados ao meio ambiente, sendo autora dos livros: *Tragédia em Mariana — a história do maior desastre ambiental do Brasil*; *A Mata Atlântica e o mico-leão-dourado — uma história de conservação* e *Nós, sobreviventes do ódio*.

Graduated in Journalism from Universidade Federal Fluminense. She was a reporter in the newsrooms of *Jornal do Brasil*, *Veja* magazine and Rede Globo. On television, she was a reporter for Jornal Nacional, a correspondent in the United States and a reporter for the Fantástico tv show. Today she dedicates herself primarily to issues related to the environment, being the author of the books: *Tragédia em Mariana — a história do maior desastre ambiental do Brasil*; *A Mata Atlântica e o mico-leão-dourado — uma história de conservação* and *Nós, sobreviventes do ódio*.

FILIPE DE OLIVEIRA CHAVES

Graduado em Oceanografia pela Universidade do Estado do Rio de Janeiro (Uerj). Doutor em Oceanografia pelo Instituto Oceanográfico da Universidade de São Paulo (Iousp). É professor associado da Faculdade de Oceanografia da Uerj, onde é vice-coordenador do Núcleo de Estudos em Manguezais (Nema/Uerj). Membro do Programa Ecológico de Longa Duração (Peld-Baía de Guanabara).

Graduated in Oceanography from the Universidade do Estado do Rio de Janeiro (UERJ). PhD in Oceanography from the Instituto Oceanográfico da Universidade de São Paulo. He is an associate professor at the Faculty of Oceanography of UERJ, where he is vice-coordinator of the Mangrove Studies Center. Member of the Long-Term Ecological Program (PELD-Baía de Guanabara).

FLÁVIA REBELO MOCHEL

Tem graduação em Ciências Biológicas pela Universidade Federal do Rio de Janeiro, mestrado em Zoologia de Invertebrados pelo Museu Nacional, doutorado em Geociências pela Universidade Federal Fluminense e pós-doutorado em Forestry Ecology and Management Dept., Wageningen University, Holanda. Atua no Departamento de Oceanografia e Limnologia/CCBS/Universidade Federal do Maranhão.

Mochel has a degree in Biological Sciences from the Universidade Federal do Rio de Janeiro, a master's degree in Invertebrate Zoology from the Museu Nacional, a PhD in Geosciences from the Universidade Federal Fluminense and a Post-Doctorate in Forestry Ecology and Management Dept., Wageningen University, Netherlands. She works at the Department of Oceanography and Limnology/CCBS/Universidade Federal do Maranhão.

MARÍLIA CUNHA LIGNON

Graduada em Ciências Biológicas pela Universidade do Estado do Rio de Janeiro, DEA em Biologie du Comportement — Université Paris XIII, mestrado e doutorado em Oceanografia Biológica pelo Instituto Oceanográfico/USP. Pós-doutorado na Université Libre de Bruxelles (ULB-Bélgica) e Instituto Nacional de Pesquisas Espaciais (Inpe). Docente da Universidade Estadual Paulista (Unesp), vinculada ao Departamento de Recursos Pesqueiros e Aquicultura e ao Programa de Pós-Graduação em Biodiversidade de Ambientes Costeiros. Líder do Grupo de Pesquisa Monitoramento Integrado de Manguezais Membro da IUCN Species Survival Commission Mangrove Specialist. Atuou na Université Libre de Bruxelles como pesquisadora associada. Foi consultora do Programa das Nações Unidas para o Desenvolvimento (Pnud).

Graduated in Biological Sciences from the State University of Rio de Janeiro, DEA in Behavioral Biology — Université Paris XIII, Master's and PhD in Biological Oceanography from the Oceanographic Institute/USP. Post-doctorate at Université Libre de Bruxelles (ULB-Belgium) and National Institute for Space Research. Professor at the Universidade Estadual Paulista, linked to the Department of Fisheries Resources and Aquaculture and the Postgraduate Program in Biodiversity of Coastal Environments. Leader of the Integrated Mangrove Monitoring Research Group. Member of the IUCN Species Survival Commission Mangrove Specialist. She worked at the Université Libre de Bruxelles (ULB-Belgium) as an associate researcher. She was a consultant for the United Nations Development Program (UNDP).

MÁRIO LUIZ GOMES SOARES

Graduado em Oceanografia pela Universidade do Estado do Rio de Janeiro. Doutor em Oceanografia pela Universidade de São Paulo. É professor associado da Faculdade de Oceanografia da Universidade do Estado do Rio de Janeiro (Uerj), onde coordena o Núcleo de Estudos em Manguezais (Nema). Professor e orientador nos Programas de Pós-Graduação em Meio Ambiente e em Oceanografia da Uerj. Membro do Programa Ecológico de Longa Duração (Peld-Baía de Guanabara), do Observatório Interdisciplinar das Mudanças Climáticas (OIMC/Uerj) e do Comitê Nacional das Zonas Úmidas.

Graduated in Oceanography from the Universidade do Estado do Rio de Janeiro. PhD in Oceanography from the University of São Paulo. He is an associate professor at the Faculty of Oceanography at the Universidade do Estado do Rio de Janeiro (UERJ), where he coordinates the Center for Mangrove Studies. Professor and advisor in the Postgraduate Programs in Environment and Oceanography at UERJ. Member of the Long-Term Ecological Program (PELD-Baía de Guanabara), the Interdisciplinary Observatory of Climate Change (OIMC/UERJ) and the National Wetlands Committee.

MICHELLE PASSOS ARAÚJO

Graduada e mestre em Oceanografia pela Universidade do Estado do Rio de Janeiro (Uerj) e doutora pelo Programa de Pós-graduação em Meio ambiente (Uerj). Professora substituta da Faculdade de Oceanografia (Uerj). Pesquisadora do Laboratório de Geoquímica Orgânica Marinha (Lagom) e do Núcleo de Estudos em Manguezais (Nema/UERJ). Pós-doutoranda no Programa de Pós--Graduação em Oceanografia da Uerj. Membro do Programa Ecológico de Longa Duração (Peld-Baía de Guanabara). Vice-presidente do Instituto Marinho para o Equilíbrio Socioambiental (Instituto Marés).

Graduated and Master in Oceanography from the Universidade do Estado do Rio de Janeiro (UERJ) and PhD from the Postgraduate Program in Environment (UERJ). Substitute professor at the Faculty of Oceanography (UERJ). Researcher at the Laboratory of Marine Organic Geochemistry (LAGOM) and the Mangrove Studies Center. Postdoctoral student in the Postgraduate Program in Oceanography at UERJ. Member of the Long-Term Ecological Program (PELD-Baía de Guanabara). Vice-president of the Marine Institute for Socio-Environmental Balance (Instituto Marés).

ENRICO MARONE

Fotógrafo, documentarista, oceanólogo e mergulhador, é reconhecido pelo registro de populações tradicionais costeiras, ribeirinhas e indígenas, das áreas protegidas e da biodiversidade em suas múltiplas formas. Publicou seu primeiro livro autoral em 2010 e realizou a edição fotográfica de numerosas publicações, além de contribuir com instituições como Unesco, IUCN, ICMBio, Conservação Internacional, TNC, National Geographic Brasil, entre outras. Nascido em São Paulo, atua no terceiro setor para promover a conservação marinha no Brasil e no mundo.

Photographer, documentary filmmaker, oceanologist and diver, he is recognized for registering traditional coastal, riverside and indigenous populations, protected areas and biodiversity in its multiple forms. He published his first authorial book in 2010 and carried out photographic editing of numerous publications, in addition to contributing to institutions such as UNESCO, IUCN, ICMBio, Conservation International, TNC, National Geographic Brasil, among others. Born in São Paulo, Marone works in the third sector to promote marine conservation in Brazil and worldwide.

AGRADECIMENTOS [ACKNOWLEDGMENTS]

Agradecemos a todas as instituições e colaboradores que tornaram esta edição possível, em especial à parceria da Enauta, que vem proporcionando a publicação de importantes obras sobre o patrimônio natural e cultural do Brasil, como o presente livro, integrante da coleção Década do Oceano 2021–2030, notadamente Décio Oddone, Pedro Medeiros, Carlos Mastrangelo e Rebeca Lussac Kiperman.

We would like to thank all the institutions and collaborators who made this edition possible, especially the partnership with Enauta, which has been supporting the publication of important works on Brazil's natural and cultural heritage, such as this book, part of the Década do Oceano 2021–2030 collection, notably Décio Oddone, Pedro Medeiros, Carlos Mastrangelo and Rebeca Lussac Kiperman.

Dados Internacionais de Catalogação na Publicação (CIP)
(Câmara Brasileira do Livro, SP, Brasil)

Manguezal = Mangrove Forest / Organização [Editor] Alexander Turra; tradução para versão em inglês / Ben Kohn; fotografia [photography] Enrico Marone. Rio de Janeiro: Andrea Jakobsson Estúdio Editorial, 2023. (Coleção Década do Oceano 2020–2030).

Vários autores
Vários colaboradores
Edição bilíngue: português/inglês
Bibliografia
ISBN 978-65-5086-013-4

1. Ecologia dos manguezais 2. Manguezais 3. Manguezais — conservação 4. Manguezais — ecologia 5. Manguezais — cultura I. Turra, Alexander. II. Marone, Enrico. III. Título: Manguezal/Mangrove

23-176510 CDD-577.69809811

Índice para catálogo sistemático:
1. Brasil: Norte: Cultura dos manguezais
Aline Graziele Benitez — Bibliotecária — CRB-1/3129

Capa e páginas [Cover and pages] 1-7, 48-49, 92-93: Baía Babitonga [Babitonga Bay], Joinville, Santa Catarina
Contracapa [Back cover]: Soure, Pará
P. 8-9: Área de Proteção Ambiental de Guadalupe [Guadalupe Environmental Protection Area], Tamandaré, Pernambuco
P. 16-17: Comunidade de Lençóis [Lençois community], Reserva Extrativista Marinha de Cururupu [Cururupu Marine Extrative Reserve], Apicum-Açu, Maranhão
P. 20-21: Frans Post, 1638. *Vista da cidade Frederica na Paraíba.* [View of Frederikstad in Paraiba]
Coleção [Collection] Patricia Phelps de Cisneros
P. 132-133: Guamaré, Macau, Rio Grande do Norte
P. 158-159: Reserva Extrativista Marinha de Arapiranga-Tromaí [Arapiranga-Tromaí Marine Extrative Reserve] Carutapera, Maranhão
P. 186-187: Marisqueira coletando sarnambi [Shell fish collector gathering Carib pointed venus] (*Anomalocardia brasiliana*), Vila do Camará [Camará Village], Reserva Extrativista Marinha Mestre Lucindo [Mestre Lucindo Marine Extrative Reserve], Marapanim, Pará
P. 210-211: Foz do rio Mamucabinhas [Mamucabinhas river mouth], Área de Proteção Ambiental da Costa dos Corais [Costa dos Corais Environmental Protection Area], Tamandaré, Pernambuco

FSC
www.fsc.org
MISTO
Papel | Apoiando o manejo florestal responsável
Paper | Supporting responsible forestry
FSC™ C011095